Die Spezielle Relativitätstheorie

Franz-Günter Winkler

Die Spezielle Relativitätstheorie

anschaulich erklärt

neu interpretiert

PETER LANG

Frankfurt am Main · Berlin · Bern · Bruxelles · New York · Oxford · Wien

Bibliografische Information Der Deutschen Bibliothek
Die Deutsche Bibliothek verzeichnet diese Publikation in der
Deutschen Nationalbibliografie; detaillierte bibliografische
Daten sind im Internet über <http://dnb.ddb.de> abrufbar.

Gedruckt mit Unterstützung
des Bundesministeriums für Bildung,
Wissenschaft und Kultur in Wien.

ISBN 3-631-54095-7
© Peter Lang GmbH
Europäischer Verlag der Wissenschaften
Frankfurt am Main 2005
Alle Rechte vorbehalten.

Das Werk einschließlich aller seiner Teile ist urheberrechtlich
geschützt. Jede Verwertung außerhalb der engen Grenzen des
Urheberrechtsgesetzes ist ohne Zustimmung des Verlages
unzulässig und strafbar. Das gilt insbesondere für
Vervielfältigungen, Übersetzungen, Mikroverfilmungen und die
Einspeicherung und Verarbeitung in elektronischen Systemen.

www.peterlang.de

Vorwort

Ich möchte in diesem Buch zeigen, dass die Spezielle Relativitätstheorie tatsächlich anschaulich verstanden und somit auch von Nicht-Physikern sinnvoll diskutiert werden kann. Eine Auseinandersetzung mit dem mathematischen Formalismus ist dafür nicht nötig. Die vorgeschlagene, neue Sichtweise setzt lediglich die Bereitschaft des Lesers voraus, sich in spielerischer Weise auf Gedankenexperimente und einfache philosophische Überlegungen einzulassen.

Wien, Mai 2005   Franz-Günter Winkler

Inhalt

	Einleitung	11
1	Wesen und Bestandteile der Relativitätstheorie	13
1.1	Grundbegriffe und Annahmen	13
1.1.1	Wovon handelt die Spezielle Relativitätstheorie?	13
1.1.2	Bezugssystem, Inertialsystem und Beobachter	13
1.1.3	Das Relativitätsprinzip	14
1.1.4	Die Konstanz der Lichtgeschwindigkeit	15
1.1.5	Definition der Längenmessung	15
1.1.6	Definition der Gleichzeitigkeit	17
1.2	Die wichtigsten Aussagen	17
1.2.1	Längenkontraktion	17
1.2.2	Zeitdilatation	18
1.2.3	Relativistischer Dopplereffekt	18
1.2.4	Die Lichtgeschwindigkeit als Grenzgeschwindigkeit	18
1.2.5	Relativistische Geschwindigkeitsaddition	18
1.2.6	Relativistische Massenzunahme	19
1.2.7	Masse und Energie	19
1.2.8	Die Lorentz-Transformationen	19
2	Die anschauliche Darstellung der Speziellen Relativitätstheorie	21
2.1	Vorbemerkungen	21
2.1.1	Die Darstellung mehrerer Beobachter	21
2.1.2	Die Rolle des Relativitätsprinzips	21
2.1.3	Messvorgänge und Koordinatensysteme	22
2.1.4	Raum-Zeit Diagramme	22
2.1.5	Einschränkung auf eine Raumdimension	23
2.2	Raum-Zeit-Koordinatensysteme	24
2.2.1	Die Konstanz der Lichtgeschwindigkeit im Diagramm	24
2.2.2	Die ruhende Lichtuhr	25
2.2.3	Die bewegte Lichtuhr	29
2.2.4	Die Konstanz der Lichtgeschwindigkeit für alle Beobachter	30
2.2.5	Zur Konstruktion von Koordinatensystemen	32
2.2.6	Messen und Eichen	33
2.2.7	Festlegung der Lichtgeschwindigkeit c für alle Beobachter	33
2.2.8	Messen von Geschwindigkeiten	35
2.2.9	Wechselseitiges Messen von Längen	37
2.2.10	Zeitmessung	38

2.2.11	Die konventionelle Eichung von Maßstäben	40
2.2.12	Eichung mehrerer Systeme	43
2.2.13	Längenkontraktion und Zeitdilatation	44
2.3	Transformation von Koordinatensystemen	46
2.3.1	Transformation eines Raum-Zeit-Kästchens	47
2.3.2	Raum-Zeit-Fläche	48
2.3.3	Gleichberechtigung von Beobachtern	50
2.4	Die physikalische Bedeutung der Lorentz-Transformationen	51
2.4.1	Relativitätstheorie für Schall	51
2.4.2	Längenkontraktion und Beschleunigung	53
2.4.3	Reflexion und Tangentialsystem	54
2.5	Anschauliche Beispiele	57
2.5.1	Das Zwillingsparadoxon	58
2.5.2	Beschleunigte Raketen	62
2.5.3	Der relativistische Dopplereffekt	63
2.5.4	Addition von Geschwindigkeiten	64
2.6	Die vernachlässigten Raumdimensionen	65
3	Die Interpretationsproblematik	69
3.1	Aspekte des Interpretationsproblems	69
3.1.1	Pädagogische Darstellung	70
3.1.2	Herleitung	70
3.1.3	Zusammenhang mit anderen physikalischen Theorien	70
3.1.4	Philosophische Fragestellungen	71
3.2	Die Standard-Interpretation	71
3.3	Die Lorentzianische Interpretation	73
3.4	Die Euklidische Interpretation	76
3.4.1	Die Gleichheit relativ bewegter Objekte	76
3.4.2	Ein möglicher Gegenstandpunkt in der Eichungsproblematik	80
3.4.3	Die Annahme gleichzeitiger Beschleunigung	81
3.4.4	Messprozesse und Beobachtersicht	82
3.4.5	Konstruktion eines Außenstandpunktes	85
3.4.6	Euklidische Geometrie versus Minkowski-Geometrie	86
3.4.7	Allgemeine Relativitätstheorie	87
3.4.8	Philosophische Perspektiven	88
3.4.9	Existenz des Äthers	88
4	Mathematischer Anhang	91
4.1	Die Lorentz-Transformationen	91

4.1.1	Koordinaten-Transformation für nicht geeichte Beobachter	91
4.1.2	Gleiche Relativgeschwindigkeit	93
4.1.3	Additionstheorem für Geschwindigkeiten	94
4.1.4	Inverse Transformation	94
4.1.5	Herleitung der Lorentz-Transformationen aus der konventionellen Eichvorschrift	95
4.1.6	Herleitung des Eichungs-Terms aus der Annahme gleichzeitiger Beschleunigung	98
4.1.7	Raum-Zeit-Fläche	99
4.1.8	Die Minkowski-Geometrie	101
4.1.9	Die vollständigen Lorentz-Transformationen	102
4.2	Dopplereffekt, Energie und Masse	103
4.2.1	Der relativistische Doppler-Effekt	103
4.2.2	Die relativistische Energiezunahme	106
4.2.3	Die Energie-Masse-Relation	107
	Literatur	111

Einleitung

Die sehr umfangreiche und breit gefächerte Literatur zur Speziellen Relativitätstheorie wartet mit zahlreichen graphischen Darstellungen zu ihren wichtigsten Aussagen auf. Nichtsdestotrotz gilt die Theorie von ihrem Wesen her als anschaulich nicht begreifbar und wird gerne als Beweis dafür genommen, dass letztendlich nur sehr abstrakte und der Anschauung zuwiderlaufende Modelle die Natur korrekt beschreiben können.

Diese Situation wäre nicht weiter schlimm, würde sich die Bedeutung der Relativitätstheorie auf die Physik beschränken. Mit ihren verblüffenden Aussagen zum Verhältnis von Raum und Zeit hat die Relativitätstheorie jedoch einen wichtigen Beitrag zu einem sehr weiten Problemfeld zu leisten. Dadurch, dass die Relativitätstheorie als unverstehbar gilt, kann dieser Beitrag allerdings nicht kompetent aufgegriffen und verwertet werden. Wer sich auf die Relativitätstheorie bezieht, muss gut aufpassen, den sicheren Boden der bekannten Allerwelts-Aussagen nicht zu verlassen. Für eine qualitative interdisziplinäre Auseinandersetzung freilich ist das alles andere als förderlich.

Der in diesem Buch vorgestellte, neuartige Zugang erhebt den Anspruch, die Spezielle Relativitätstheorie ohne viel Aufwand und ohne Auseinandersetzung mit ihrem mathematischen Formalismus tatsächlich anschaulich verstehbar zu machen. Es handelt sich jedoch dabei nicht bloß um eine leichtverdauliche Aufbereitung der Relativitätstheorie für Laien. Es soll vielmehr deutlich gemacht werden, dass jede Darstellung der Relativitätstheorie mit einer Interpretation beladen ist, deren Annahmen auch von Außenstehenden diskutiert und hinterfragt werden können.

Da die Relativitätstheorie immer wieder (leider sehr oft nicht in besonders seriöser Weise) hinterfragt wird, sei Folgendes betont: Die Gültigkeit der Speziellen Relativitätstheorie und ihrer Grundannahmen wird hier in keiner Weise angezweifelt. Wann immer sich die Darstellung von der üblichen Vorgehensweise unterscheidet, wird darauf hingewiesen, und die betreffende Abweichung wird begründet. Bei aller Anschaulichkeit ist die Argumentation um höchste logische Strenge bemüht und legt alle ihre Annahmen und Gedankenschritte offen. Damit macht sich der Zugang sowohl philosophisch als auch von Seiten der Physik angreifbar.

Das Buch ist in vier Kapitel gegliedert. Im ersten Kapitel werden als Einstieg die wichtigsten konzeptuellen Voraussetzungen, Annahmen und Aussagen der Speziellen Relativitätstheorie aufgelistet und kurz erläutert. Im zweiten Kapitel wird die Spezielle Relativitätstheorie anhand von Raum-Zeit-Diagrammen grafisch entwickelt. Das dritte Kapitel beschäftigt sich mit der Interpretation der Relativitätstheorie. Die *Euklidische Interpretation* wird dabei in Gegenüberstellung mit der Standard- und der weniger bekannten Lorentzianischen Interpretation vorgestellt. Für den mathematisch interessierten Leser werden im vierten Kapitel die wichtigsten Schritte für die Herleitung der Formeln beschrieben.

1 Wesen und Bestandteile der Relativitätstheorie

Dieses Einführungskapitel verfolgt zwei Ziele. Zum einen soll es auch für Leser, die sich bisher noch nicht oder nur sehr wenig mit der Relativitätstheorie auseinander gesetzt haben, eine Basis für die darauf folgende Darstellung der Theorie schaffen. Zum anderen enthält es einen Überblick über die wichtigsten Aussagen der Speziellen Relativitätstheorie, die in der Folge anschaulich verstehbar gemacht werden sollen, und dient somit als eine Art Checkliste für den Rest des Buches.

1.1 Grundbegriffe und Annahmen

Der Verzicht auf jeglichen mathematischen Formalismus bei der im zweiten Kapitel durchgeführten Entwicklung der Theorie bedeutet keinesfalls, dass die Grundbegriffe und Annahmen der Relativitätstheorie nicht präzise formuliert werden. Sowohl die Darstellung der Theorie als auch die Behandlung der Interpretationsfrage setzen große Genauigkeit bezüglich der konzeptuellen Grundlagen voraus.

1.1.1 Wovon handelt die Spezielle Relativitätstheorie?

In der *Speziellen* Relativitätstheorie geht es um physikalische Messungen, die von ruhenden beziehungsweise unbeschleunigt bewegten Beobachtern in einer Welt ohne wesentlichen Einfluss der Schwerkraft (Gravitation)[1] durchgeführt werden. Erst in der *Allgemeinen* Relativitätstheorie spielen die Beschleunigung von Beobachtern und das Phänomen der Gravitation eine Rolle.[2]

1.1.2 Bezugssystem, Inertialsystem und Beobachter

Voraussetzung für jede Art von Wissenschaft ist die Erfassung der Phänomene, die modelliert werden sollen. Das bedeutet im Fall der Physik, dass physikalischen Ereignissen, Objekten und Prozessen räumliche und zeitliche Messgrößen zugeordnet werden müssen. Das geschieht auf der Basis von genau festgelegten Messvorgängen. Unter einem *Bezugssystem* versteht man die Zusammenfassung von mehreren Messvorgängen zu einer einheitlichen Sicht der zu beschreiben-

---

[1] Für die wichtigsten Aussagen kann etwa der Einfluss der Gravitation von Erde oder Sonne vernachlässigt werden.
[2] Bis auf einige Anmerkungen in Kapitel 3 wird die allgemeine Relativitätstheorie hier nicht behandelt.

den Phänomene. Es reicht für den gegenständlichen Zweck vollkommen aus, sich ein Bezugssystem als ein Koordinatensystem vorzustellen, in welchem jedem Ereignis drei räumliche und eine zeitliche Koordinate zugeordnet sind.

Aufbauend auf der Idee des Bezugssystems kann das für die Spezielle Relativitätstheorie wichtige Konzept des *Inertialsystems* eingeführt werden. Unter einem Inertialsystem versteht man ein Bezugssystem, in dem ein freier Körper im Zustand der Ruhe oder in gleichförmiger Bewegung verharrt.[3] Diese Bedingung ist verletzt, wann immer Gravitationskräfte auftreten, weil freie Körper unter dem Einfluss der Gravitation beschleunigt fallen. Da Gravitationskräfte überall wirken, kann es genau genommen keine echten Inertialsysteme geben. Die Spezielle Relativitätstheorie, die sich auf Inertialsysteme beschränkt, kann also immer nur näherungsweise gelten.

Wenn von einem *Beobachter* gesprochen wird, ist jemand gemeint, der bezüglich eines Inertialsystems ruht und physikalische Messungen durchführt, wobei es an dieser Stelle vorwiegend um Messungen von Raum- und Zeitabständen geht. Aus diesen Messungen kann der Beobachter so genannte *Raum-Zeit-Diagramme* konstruieren, welche die Basis für den gewählten Zugang zur Relativitätstheorie bilden.

1.1.3 Das Relativitätsprinzip

Das Relativitätsprinzip besagt, dass die Gesetze der Physik in allen Inertialsystemen die gleiche Form annehmen. Das heißt nichts anderes, als dass alle Inertialsysteme gleichberechtigt sind und sich als ruhend annehmen können. Gemäß dem Relativitätsprinzip müssten also die Bewohner weit entfernter Galaxien auf dieselben physikalischen Gesetze stoßen wie unsere Wissenschafter, unabhängig davon, wie schnell sich diese Galaxien in Relation zu uns bewegen. Jedes Experiment, das unterschiedliche Resultate hervorbringen würde in Abhängigkeit davon, in welchem Inertialsystem[4] es durchgeführt wird, wäre ein klarer Verstoß gegen das Relativitätsprinzip.

---

[3] Eine andere Formulierung für diesen Sachverhalt: In Inertialsystemen gilt das Trägheitsgesetz.
[4] Es handelt sich hier um eine gebräuchliche, aber schlampige Ausdrucksweise, denn Bezugssysteme haben keine räumliche Position. Gemeint ist, dass gleiche Experimente in relativer Ruhe zu unterschiedlichen Bezugssystemen durchgeführt werden können, ohne dass sich die Ergebnisse von der Warte des jeweiligen Ruhsystems unterscheiden lassen.

1.1.4 Die Konstanz der Lichtgeschwindigkeit

Ein zentraler Punkt der Relativitätstheorie, der jeder Anschauung zu widersprechen scheint, ist die Annahme der Konstanz der Lichtgeschwindigkeit. Nicht nur, dass die Lichtgeschwindigkeit als unabhängig von der Geschwindigkeit angenommen wird, mit der sich eine Lichtquelle bewegt (Ähnliches kennt man auch von anderen Wellenphänomenen, z.B. dem Schall), sie soll auch unabhängig von der Geschwindigkeit des Beobachters sein. Letzteres heißt beispielsweise, dass ein Beobachter in einem Raumschiff, das sich mit hoher Geschwindigkeit auf eine Lichtquelle zu bewegt, die Lichtgeschwindigkeit gleich misst, wie wenn er sich von der Lichtquelle wegbewegen würde oder einfach in relativer Ruhe wäre.

1.1.5 Definition der Längenmessung

Unter der Messung der Länge eines Objektes stellt man sich zunächst ein sehr einfaches Verfahren vor: Man nimmt einen Maßstab, stellt sich vor dem Objekt hin, legt den Maßstab an und vergleicht. Dieses Verfahren setzt jedoch voraus, dass das Objekt ruht. In der Relativitätstheorie geht es allerdings auch um Messungen, die an bewegten Objekten durchgeführt werden.

Wenn beispielsweise die Länge eines vorbeifahrenden Autos gemessen werden soll, ohne dass das Auto dafür anhalten muss (und ohne, dass man neben dem Auto herfährt), bedarf es eines anderes Verfahrens, das an einem einfachen Beispiel veranschaulicht werden kann.

Zunächst wird eine Messstrecke festgelegt, auf der in gleichen Abständen (je nach gewünschter Genauigkeit) Lichtschranken aufgestellt werden. Bei der Vorbeifahrt eines Autos ändert jede Lichtschranke zunächst vom Zustand *Geschlossen* = in den Zustand *Unterbrochen* |, und etwas später vom Zustand | in den Zustand =. Front und Heck des Autos lösen somit je eine „Registrierungswelle" bei den Lichtschranken aus. Da beide Wellen alle Lichtschranken durchlaufen, kann zunächst schwer von einem räumlichen Abstand der beiden Wellen gesprochen werden, der die Länge des Autos repräsentieren würde.

Die Lösung des Problems ist jedoch recht einfach: Zur Bestimmung der Länge möchte man nämlich wissen, an welchen Stellen sich Front- und Heckwelle zu *ein und demselben Zeitpunkt* befinden. Als Konsequenz für den Messaufbau braucht man nun Uhren an allen Lichtschranken, die möglichst genau synchronisiert sind. Nur wenn jede Lichtschranke die genaue Zeit eines Zustandswechsels erfasst, kann aus der Zusammenschau der Lichtschranken-Protokolle die Länge des Autos bestimmt werden.

	0 m	1 m	2 m	3 m	4 m	5 m	6 m	7 m	8 m	9 m	10 m
00:10	=	=	=	=	⊦	|	|	|	|	⊣	=
00:09	=	=	=	⊦	|	|	|	|	⊣	=	=
00:08	=	=	⊦	|	|	|	|	⊣	=	=	=
00:07	=	⊦	|	|	|	|	⊣	=	=	=	=
00:06	⊦	|	|	|	|	⊣	=	=	=	=	=
00:05	|	|	|	|	⊣	=	=	=	=	=	=
00:04	|	|	|	⊣	=	=	=	=	=	=	=
00:03	|	|	⊣	=	=	=	=	=	=	=	=
00:02	|	⊣	=	=	=	=	=	=	=	=	=
00:01	⊣	=	=	=	=	=	=	=	=	=	=
00:00	=	=	=	=	=	=	=	=	=	=	=

Abbildung 1. Protokolle der Lichtschranken bei der Vorbeifahrt eines Autos.

Abbildung 1 zeigt die Protokolle der Lichtschranken, die im Abstand von jeweils einem Meter aufgestellt sind, während der Vorbeifahrt des Autos. Die Front des Autos erscheint zum Zeitpunkt 00:01 an der ersten Lichtschranke und wird dort als Zustandswechsel ⊣ registriert. Das Heck erscheint an der ersten Lichtschranke zum Zeitpunkt 00:06 als umgekehrter Zustandswechsel ⊦. Die Länge des Autos ist beispielsweise aus den Protokolleinträgen für den Zeitpunkt *00:07* abzulesen: Zu diesem Zeitpunkt ist das hintere Ende an Position *1 Meter* und das vordere Ende an Position *6 Meter* zu finden. Die Länge des Autos beträgt also ca. *5 Meter*.

Die einfachste Methode der Längenmessung am fahrenden Auto ist natürlich ein Foto des Autos, während es die Messstrecke passiert. Man nimmt dabei an, dass die Unterschiede in den Lichtlaufzeiten für alle Punkte des Fotos dermaßen gering sind, dass guten Gewissens von einer gleichzeitigen Erfassung des ganzen Autos gesprochen werden kann.

Sinnvolle Längenmessung hat also gleichzeitig zu erfolgen, und genau das ist auch Einsteins Forderung. Wie sich noch herausstellen wird, besteht ein Unterschied zwischen den „Gleichzeitigkeiten", wie sie für Beobachter in unterschiedlichen Bewegungszuständen gelten. Deshalb muss es genau heißen:

> Längenmessung findet gleichzeitig für den messenden Beobachter statt.

1.1.6 Definition der Gleichzeitigkeit

Die Frage, ob zwei räumlich entfernte Ereignisse gleichzeitig sind oder nicht, scheint auf den ersten Blick kein großes Problem darzustellen: Man stellt sich vor, dass an den räumlichen Positionen der beiden Ereignisse Uhren stehen. Wenn diese Uhren zum Zeitpunkt der jeweiligen Ereignisse die gleiche Zeit anzeigen, dann sind die Ereignisse gleichzeitig. Das setzt natürlich voraus, dass die Uhren gleich schnell laufen und dass sie gleichzeitig gestartet wurden. Genau das ist aber das Problem. Wie werden Uhren, die voneinander entfernt aufgestellt sind, gleichzeitig gestartet?

Nahe liegend ist es, ein Startsignal, entweder von einer dritten Stelle oder von einer der beiden Uhren, zu senden. Dabei muss die Verzögerung, die sich aus der Laufzeit des Signals ergibt, einberechnet werden. Ganz im Sinne dieser Betrachtungen definiert Einstein die Gleichzeitigkeit entfernter Ereignisse auf der Basis von Lichtsignalen (deren Geschwindigkeit ja als konstant angenommen wird):

> Zwei räumlich entfernte Ereignisse (an den Positionen A und B) sind gleichzeitig, wenn sie von einem Lichtblitz ausgelöst werden, der in der Mitte zwischen A und B gezündet worden ist.

1.2 Die wichtigsten Aussagen

Die hier zusammengefassten Kernaussagen der Relativitätstheorie werden alle - mit Ausnahme der Aussagen zu Energie und Masse - im zweiten Kapitel anschaulich entwickelt.

1.2.1 Längenkontraktion

Die relativistische Längenkontraktion besagt, dass die gemessene Länge eines Objektes von der Geschwindigkeit abhängt, mit der sich das Objekt relativ zum Beobachter bewegt. Je schneller sich das Objekt bewegt, desto kürzer ist es.

Dieses Phänomen existiert auch in umgekehrter Richtung: Der bewegte Beobachter sieht das ruhende Objekt ebenfalls verkürzt.

1.2.2 Zeitdilatation

Genauso wie die Längenkontraktion ist auch die Zeitdilatation ein wechselseitiger Effekt. Eine bewegte Uhr geht von der Perspektive der ruhenden Uhr langsamer, ebenso geht die ruhende Uhr von der Perspektive der bewegten Uhr langsamer. Der scheinbare Widerspruch zwischen diesen Aussagen wird im so genannten Zwillingsparadoxon thematisiert.[5]

1.2.3 Relativistischer Dopplereffekt

Der aus der klassischen Physik bekannte „gewöhnliche" Dopplereffekt beschreibt, wie sich die Frequenz von Schallwellen durch eine Bewegung der Schallquelle beziehungsweise des Empfängers relativ zum Medium ändert. Der relativistische Dopplereffekt für elektromagnetische Wellen im Vakuum unterscheidet sich vom gewöhnlichen Dopplereffekt dadurch, dass der Effekt nur von der *Relativbewegung* von Quelle und Empfänger abhängt. Ein bekanntes Beispiel für den relativistischen Dopplereffekt ist die Rotverschiebung von elektromagnetischer Strahlung, die von sich entfernenden Himmelskörpern ausgesandt wird.

1.2.4 Die Lichtgeschwindigkeit als Grenzgeschwindigkeit

Gemäß der Relativitätstheorie bewegt sich kein physikalisches Objekt und kein Signal schneller als Licht.

1.2.5 Relativistische Geschwindigkeitsaddition

In der klassischen Physik können Geschwindigkeiten einfach addiert werden. Wenn etwa in einem Zug, der mit *80 km/h* unterwegs ist, ein Mann mit *10 km/h* in Fahrtrichtung durch den Waggon läuft, so hat der Mann vom Standpunkt eines ruhenden Beobachters eine Geschwindigkeit von *90 km/h*. In der Relativitätstheorie gilt diese Rechnung nicht beziehungsweise nicht exakt. Die relativistische Geschwindigkeitsaddition verhindert, dass zwei Geschwindigkeiten, die kleiner oder gleich der Lichtgeschwindigkeit sind, zu einer Summengeschwindigkeit führen, die größer als die Lichtgeschwindigkeit ist. Andernfalls wäre die Lichtgeschwindigkeit keine Grenzgeschwindigkeit.

---

[5] Das Zwillingsparadoxon wird in Kapitel 2.5.1 besprochen.

1.2.6 Relativistische Massenzunahme

Bewegte Objekte sind nicht nur verkürzt, es ändert sich auch ihre Masse für den ruhenden Beobachter. Je schneller sich ein Objekt bewegt, desto schwerer wird es und desto mehr Widerstand leistet es gegen weitere Beschleunigungen. Diese Eigenschaft physikalischer Objekte steht im Einklang mit der Annahme, dass die Lichtgeschwindigkeit nicht überschritten werden kann.

1.2.7 Masse und Energie

Einsteins berühmte Formel $E=mc^2$, die das Verhältnis von Energie und Masse beschreibt, ist nicht zentrales Thema dieses Buches, in dem es vorwiegend um Raum- und Zeitmessungen geht. Sie wird jedoch der Vollständigkeit halber am Ende des vierten Kapitels aus den bis dahin entwickelten Aussagen beziehungsweise Formeln (und ein paar zusätzlichen physikalischen Prinzipien) hergeleitet. Kurz gesagt bedeutet die Formel, dass jeder Masse ein so genanntes Energie-Äquivalent zuzuordnen ist. Energie und Masse sind prinzipiell ineinander umwandelbar.

1.2.8 Die Lorentz-Transformationen

Die Grundformeln der Relativitätstheorie, die Lorentz-Transformationen, beschreiben, wie Ergebnisse von physikalischen Messungen, die von Beobachtern in unterschiedlichen Bewegungszuständen durchgeführt werden, zusammenhängen. Für die mathematische Behandlung der Relativitätstheorie spielen die Lorentz-Transformationen eine wichtige Rolle, da alle Aussagen aus ihnen hergeleitet werden können.

2 Die anschauliche Darstellung der Speziellen Relativitätstheorie

Die anschauliche Darstellung der Speziellen Relativitätstheorie erfolgt mittels Raum-Zeit-Diagrammen. Die Aussagen der Theorie ergeben sich dabei aus der Beschäftigung mit zwei Fragestellungen.

> - *Wie werden Raum-Zeit-Diagramme aus den Messungen von räumlichen und zeitlichen Abständen konstruiert?*
> - *Welche geometrischen Beziehungen lassen sich aus Raum-Zeit-Diagramme ableiten?*

2.1 Vorbemerkungen

Der gewählte Zugang unterscheidet sich von der üblichen Herangehensweise in mehreren Punkten, die auch für die Interpretation der Theorie eine wichtige Rolle spielen werden. im Folgenden können einige Besonderheiten des Zuganges bereits angedeutet werden.

2.1.1 Die Darstellung mehrerer Beobachter

Verwirrend an der Speziellen Relativitätstheorie sind vor allem jene Aussagen, die sie über relativ bewegte Beobachter macht. Die Darstellung von zwei oder mehreren Beobachtern und ihren Messungen in ein und demselben Diagramm ermöglicht ein anschauliches Verstehen all dieser Aussagen - sei es die Konstanz der Lichtgeschwindigkeit *für alle Beobachter*, die wechselseitige Kontraktion von Längen oder die wechselseitige Verlangsamung der Zeit.[6]

2.1.2 Die Rolle des Relativitätsprinzips

Das Relativitätsprinzip wird nicht zu Unrecht als ein schönes und kraftvolles Prinzip angesehen, erlaubt es doch eine mathematisch elegante Herleitung der Theorie. Andererseits ist es auch sehr abstrakt und kann für die gemeinhin angenommene Unanschaulichkeit der Relativitätstheorie verantwortlich gemacht werden. Wenn etwa aus der Annahme der Konstanz der Lichtgeschwindigkeit für *einen* Beobachter unter Zuhilfenahme des Relativitätsprinzips sofort geschlossen wird, dass die Lichtgeschwindigkeit für *alle* Beobachter konstant sein

---

[6] Die Darstellung mehrerer Beobachter in einem Diagramm steht im Widerspruch zur pädagogischen Praxis, wo für jeden Beobachter ein eigenes Diagramm gezeichnet wird.

muss, dann ist es mit der Anschaulichkeit bereits vorbei, bevor die Entwicklung der Theorie überhaupt so richtig begonnen hat.

Es wird hier bewusst ein anderer Weg beschritten, und zwar einer, auf dem das Relativitätsprinzip keine Rolle bei der Herleitung der Theorie spielt. Das heißt jedoch keinesfalls, dass die Gültigkeit des Relativitätsprinzips angezweifelt werden soll.

2.1.3 Messvorgänge und Koordinatensysteme

Über Problemstellungen im Zusammenhang mit Messvorgängen wird gerne im Kontext der Quantentheorie gesprochen, es ist jedoch auch für den gewählten Zugang zur Relativitätstheorie wichtig, sich sehr genau bewusst zu machen, was Messen bedeutet.

> *Messen heißt vergleichen – um ein Messergebnis zu verstehen, muss man wissen, was wie womit verglichen worden ist.*

Wenn etwa ein Maßstab verwendet wird, der zwei statt einen Meter lang ist, dann werden die Längenmessungen nur die Hälfte der erwarteten Ergebnisse ausmachen. Die Themen Messung und Eichung von Maßstäben, so trivial sie erscheinen mögen, sind für den gewählten Zugang wesentlich.

Die Betrachtungen zu Gleichzeitigkeit und Längenmessung im ersten Kapitel haben deutlich gemacht, dass das *Was* bzw. das *Wie* einer Messung genau beachtet werden muss.

> Wie werden Längen gemessen...
> *...gleichzeitig vom messenden System aus betrachtet.*
> Was wird dabei verglichen...
> *...der Abstand gleichzeitiger Ereignisse mit einem Maßstab.*

2.1.4 Raum-Zeit Diagramme

Die Raum-Zeit-Diagramme des anschaulichen Zuganges unterscheiden sich vom Prinzip her nicht von den durchaus bekannten und auch in der Relativitätstheorie gebräuchlichen Darstellungen. Der Unterschied liegt lediglich darin, wie umfassend diese Diagramme eingesetzt werden.

Zur Einführung in die Welt der Raum-Zeit-Diagramme sollte ein einfaches Beispiel genügen.

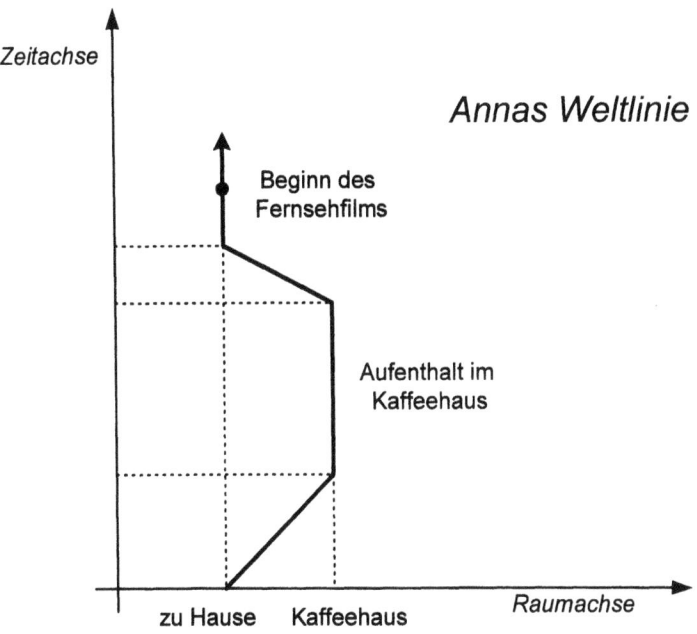

Abbildung 2. Anna geht gemütlich von zu Hause ins Kaffeehaus, verweilt dort einige Zeit und kehrt hastig nach Hause zurück, um den Beginn des Fernsehfilmes nicht zu versäumen.

Das Raum-Zeit-Diagramm in *Abbildung 2* zeigt einen Teil von Annas *Weltlinie*. Anna hat zu jedem Zeitpunkt ihrer Existenz einen Aufenthaltsort. Annas Aufenthaltsorte ändern sich mehr oder weniger kontinuierlich und erscheinen im Raum-Zeit Diagramm als Linie.

2.1.5 Einschränkung auf eine Raumdimension

Da es hauptsächlich um eine anschauliche Darstellung der wesentlichen Prinzipien und Aussagen der Relativitätstheorie geht, kann auf zwei von drei Raumdimensionen zunächst verzichtet werden - neben der Zeitdimension gibt es also in den Diagrammen lediglich eine Raumdimension.[7]

---

[7] Nachdem die Relativitätstheorie für eine Raumdimension dargestellt worden ist, wird in Kapitel 2.6 beziehungsweise in Kapitel 4.1.9 auch auf die Aussagen bezüglich der anderen Raumdimensionen eingegangen.

2.2 Raum-Zeit-Koordinatensysteme

Der vorgeschlagene Zugang zur Relativitätstheorie wäre nicht möglich, gäbe es nicht das äußerst mächtige und gleichzeitig einfache Konzept der Lichtuhr. Es ermöglicht nicht nur ein direktes Verstehen der Messungen von Raum- und Zeitabständen, sondern ist auch gleichermaßen Modell für den Beobachter und für das physikalische Objekt, das in unterschiedlichen Bewegungszuständen erscheint und dessen räumliche und zeitliche Abstände von unterschiedlichen Beobachtern unterschiedlich gemessen werden.

In diesem Kapitel werden mithilfe von ruhenden und bewegten Lichtuhren Raum-Zeit-Koordinatensysteme konstruiert und zueinander in Beziehung gesetzt. Es wird sich in der Folge herausstellen, dass die Relativitätstheorie dadurch bereits anschaulich erklärt ist.

Als Voraussetzung für das Konzept der Lichtuhr soll zunächst gezeigt werden, wie Lichtsignale im Raum-Zeit-Diagramm dargestellt werden.

2.2.1 Die Konstanz der Lichtgeschwindigkeit im Diagramm

Eine der wichtigsten und bekanntesten Annahmen der Speziellen Relativitätstheorie ist die Konstanz der Lichtgeschwindigkeit.[8] Zunächst soll nur von der Konstanz der Lichtgeschwindigkeit *für einen Beobachter* ausgegangen werden. Wie andere Beobachter, also solche, die sich in relativer Bewegung befinden, die Lichtgeschwindigkeit messen, wird später besprochen.

Im Raum-Zeit-Diagramm wird die Konstanz der Lichtgeschwindigkeit dadurch repräsentiert, dass alle Weltlinien von Lichtstrahlen den gleichen raumzeitlichen Winkel aufweisen, unabhängig davon, ob sie von bewegten oder ruhenden Lichtquellen ausgesandt werden, und ob sie von bewegten oder ruhenden Spiegeln reflektiert werden.

Für das Diagramm in *Abbildung 3* und alle folgenden Raum-Zeit-Diagramme wird der Einfachheit halber eine Skalierung der Zeitachse mit dem Wert der Lichtgeschwindigkeit c gewählt. Das hat zur Folge, dass alle Lichtstrahlen einen raum-zeitlichen Winkel von *45°* aufweisen und dass gegenläufige Lichtstrahlen einen Winkel von *90°* einnehmen. Dadurch werden geometrische Betrachtungen besonders einfach.

---

[8] Siehe Kapitel 1.1.4.

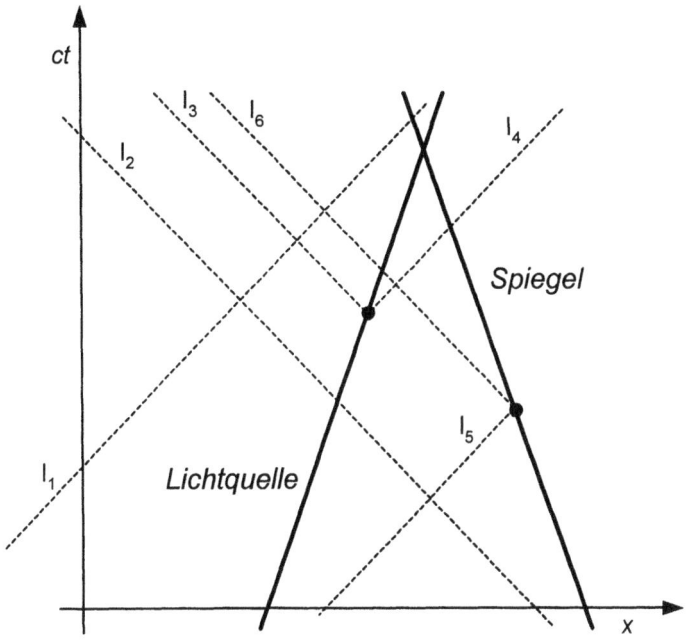

Abbildung 3. Licht im Raum-Zeit-Diagramm.

Abbildung 3 zeigt mehrere Lichtstrahlen: l_1 und l_2 haben einen unbekannten Ursprung; l_3 und l_4 werden von einer bewegten Lichtquelle ausgesandt; l_5 wird von einem ebenfalls bewegten Spiegel als l_6 reflektiert.

2.2.2 Die ruhende Lichtuhr

Die Grundidee der Lichtuhr wurde bereits von Einstein formuliert: Man stelle sich einen Stab vor, an dessen Enden Spiegel so angebracht sind, dass sie einen Lichtstrahl theoretisch beliebig oft hin und her reflektieren.[9]

---

[9] Genau genommen verwendet Einstein für seine Lichtuhr keine Spiegel; bei jedem Auftreffen eines Lichtstrahles an einem Ende der Lichtuhr wird ein neuer Strahl in Gegenrichtung gezündet. Das stellt jedoch keinen prinzipiellen Unterschied dar.

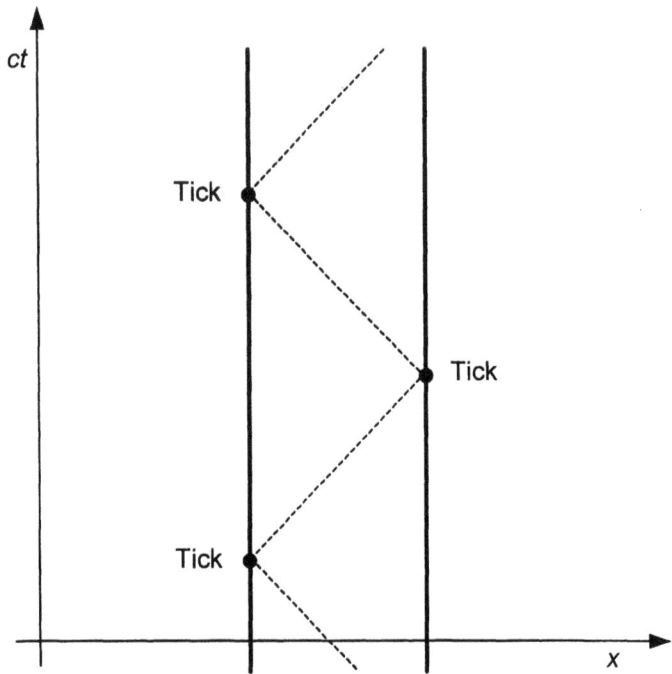

Abbildung 4. Die einfache Lichtuhr.

Abbildung 4 zeigt die beschriebene Lichtuhr im Raum-Zeit-Diagramm. Zwischen den senkrechten Weltlinien der Spiegel wird ein Lichtstrahl hin und her reflektiert. Die Reflexionsereignisse sind die *Ticks* der Lichtuhr. Durch das Zählen von *Ticks* können die zeitlichen Abstände zwischen Ereignissen (die am Ort der Lichtuhr stattfinden) mit der Lichtuhr gemessen werden.

Das volle Potenzial der Lichtuhr tritt aber erst durch die Einführung eines zweiten Lichtstrahls in Erscheinung, der ebenfalls zwischen den Spiegeln hin und her reflektiert wird, jedoch zeitlich so versetzt gestartet wird, dass die beiden Strahlen einander immer in der Mitte des Stabes begegnen.

Die so erweiterte Lichtuhr ist in *Abbildung 5* dargestellt. Neben dem zweiten Lichtstrahl ist auch die Weltlinie des Stabmittelpunktes M eingezeichnet, in welchem die Begegnungs-Ereignisse der Lichtstrahlen stattfinden.

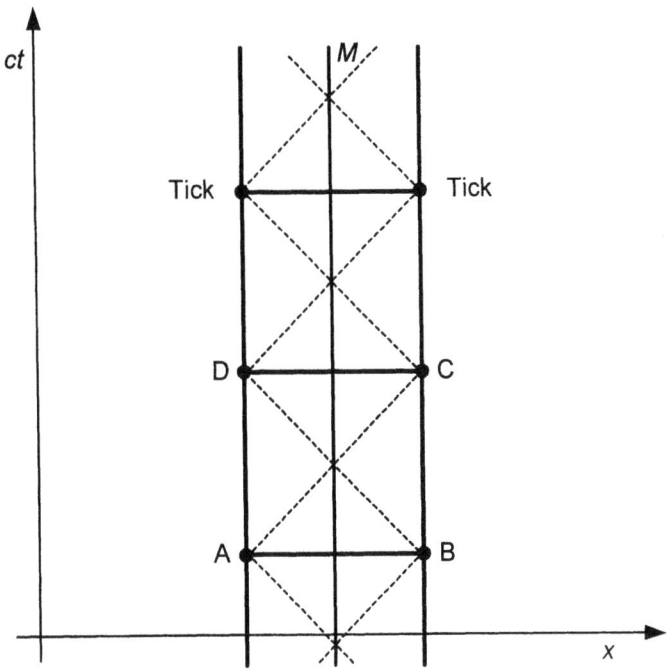

Abbildung 5. Die ruhende Lichtuhr mit einem zweiten Lichtstrahl.

Aus der Festlegung des Szenarios folgt sofort, dass die Ereignisse A und B (bzw. D und C) gemäß Einsteins Definition *gleichzeitig* sind.[10] Deshalb wurden auch Linien eingezeichnet, die diese Ereignisse miteinander verbinden.

Da bereits auf die Bedeutung der Gleichzeitigkeit für die Bestimmung von Längen hingewiesen wurde,[11] kann der Abstand AB (bzw. der Abstand DC) problemlos als eine Länge und somit als ein rein räumlicher Abstand aufgefasst werden. Der Abstand AD (bzw. der Abstand BC) ist ein rein zeitlicher Abstand. Das Quadrat ABCD soll als das *Raum-Zeit-Kästchen* der Lichtuhr bezeichnet werden.

Man kann nun in einem Gedankenexperiment unendlich viele gleich lange Stäbe dicht nebeneinander anordnen, sodass sie das ganze (räumlich eindimensionale) Universum ausfüllen. Diese Stäbe mögen alle wie beschrieben Lichtuhren dar-

---

[10] Siehe Kapitel 1.1.6.
[11] Siehe Kapitel 1.1.5.

stellen, die miteinander synchronisiert sind. Im Raum-Zeit-Diagramm hat diese Konstruktion zur Folge, dass das gesamte raum-zeitliche Universum von Kästchen gleicher Größe überzogen ist. Diese Kästchen können dazu verwendet werden, allen Ereignissen Koordinaten zuzuordnen und räumliche und zeitliche Abstände festzulegen.

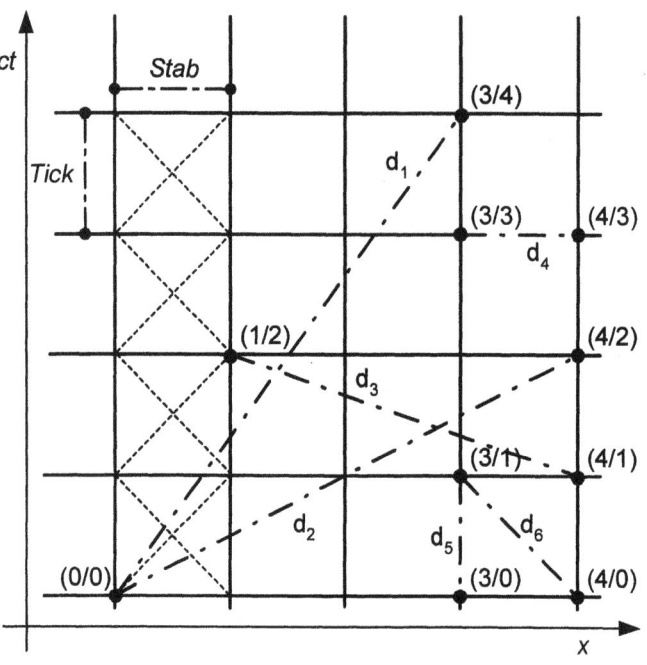

Abbildung 6. Koordinatensystem der ruhenden Lichtuhren.

Abbildung 6 zeigt das so entstandene Koordinatensystem, wobei eine Lichtuhr noch als solche erkennbar ist. Die Koordinaten der beschrifteten Ereignisse beziehen sich auf ein willkürlich gewähltes Ursprungs-Ereignis *(0/0)*. Die Bestimmung von Koordinaten und Abständen erfolgt durch Zählen der dazwischen liegenden Kästchen, zuerst entlang der Raumachse, dann entlang der Zeitachse. Dabei wird zunächst davon ausgegangen, dass die beliebig (aber für alle gleich) gewählte Länge einer Lichtuhr die Raumeinheit des entstandenen Koordinatensystems ist („*Stab*"), ebenso wie der zeitliche Abstand zwischen zwei Ticks die Zeiteinheit des Koordinatensystems ist („*Tick*"). Die Koordinatenangabe für das Ereignis *(4/1)* etwa ist also wie folgt zu lesen: „das Ereignis ist *4 Stab* und *1 Tick* vom Ursprung entfernt." Das Verhältnis dieser Raum- und Zeiteinheiten (*Stab* und *Tick*) zu *Metern* und *Sekunden* wird später behandelt.

Neben den reinen Raum- bzw. reinen Zeitabständen (*d4* bzw. *d5*) kann man bei den Abständen *d1*, *d2*, *d3* und *d6* von kombinierten Raum-Zeit-Abständen sprechen. Der Abstand *d6* repräsentiert einen Lichtstrahl. Das ist daran abzulesen, dass der Unterschied in den Raumkoordinaten der begrenzenden Ereignisse gleich dem Unterschied der Zeitkoordinaten ist. Die Lichtgeschwindigkeit ist somit konstant *1 Stab* pro *Tick*.

2.2.3 Die bewegte Lichtuhr

Die Einführung von Raum-Zeit-Koordinatensystemen über Lichtuhren mag trivial erscheinen, jedoch ergibt sich aus dem exakt festgelegten Verfahren, wenn man es auf eine bewegte Lichtuhr anwendet, bereits ein anschauliches Verständnis einiger der vermeintlich widersinnigen Aussagen der Speziellen Relativitätstheorie.

Im Folgenden wird also eine vom Standpunkt des Raum-Zeit-Diagramms bewegte Lichtuhr betrachtet, deren Länge wiederum beliebig gewählt wird. *Abbildung 7* zeigt eine solche bewegte Lichtuhr mit ihrem (mitbewegten) Mittelpunkt *M'*. Die zeitliche Folge der Lichtstrahlen wird so eingerichtet, dass die beiden Strahlen einander immer auf der Weltlinie von *M'* begegnen. Gemäß der Definition der Gleichzeitigkeit sind nun die Punkte *A'* und *B'* (bzw. *D'* und *C'*) gleichzeitig *für die bewegte Lichtuhr*. Das sich daraus ergebende Raum-Zeit-Kästchen *A'B'C'D'* der bewegten Uhr hat nun die Form eines Parallelogramms, dessen Seiten gegenüber den Raum- und Zeitachsen des Diagramms gedreht sind, und zwar in entgegengesetzten Richtungen.

Von der Perspektive des Diagramms ist *A'B'* ein kombinierter Raum-Zeit-Abstand, für die bewegte Lichtuhr allerdings ist es ein reiner Raum-Abstand. In analoger Weise ist *A'D'* von der Perspektive des Diagramms ebenso ein kombinierter Raum-Zeit-Abstand, während die bewegte Lichtuhr, die sich selbst als ruhend annimmt, darin einen reinen Zeit-Abstand sieht.

Es kann nun in gleicher Weise wie der ruhenden Lichtuhr auch der bewegten Lichtuhr ein allumspannendes Koordinatensystem zugeordnet werden.

Die Unabhängigkeit der Wahl der Stablänge der bewegten Uhr von der Stablänge der ruhenden Uhr wird dadurch ausgedrückt, dass der Stab der bewegten Uhr die Bezeichnung „*Stock*" erhält. Ebenso soll die bewegte Uhr nicht „*Tick*", sondern „*Klick*" machen. Die in *Abbildung 8* angegeben Koordinaten sind also als Vielfache der Einheiten *Stock* und *Klick* zu verstehen.

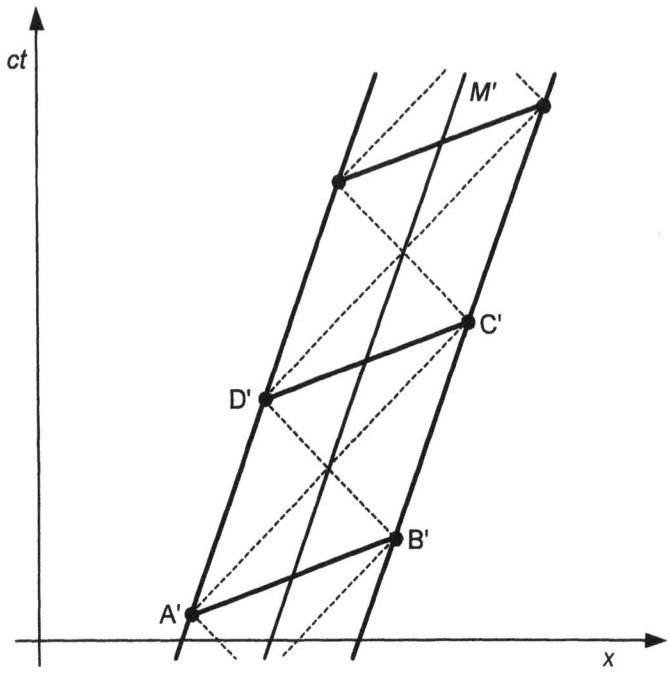

Abbildung 7. Die bewegte Lichtuhr.

2.2.4 Die Konstanz der Lichtgeschwindigkeit für alle Beobachter

Bei Betrachtung etwa des Abstands d_6 oder der eingezeichneten Lichtuhr in *Abbildung 8* fällt ein wichtiger Punkt sofort auf: Auch für die bewegte Lichtuhr ist die Lichtgeschwindigkeit konstant – sie beträgt in beiden Richtungen *1 Stock* pro *Klick*.

Angesichts dieser Erkenntnis soll an zwei Dinge erinnert werden, nämlich an die Annahme der Konstanz der Lichtgeschwindigkeit *für einen Beobachter* und an das Relativitätsprinzip. Wie bereits erwähnt, wird in den herkömmlichen Darstellungen das Relativitätsprinzip strapaziert, um von der Konstanz der Lichtgeschwindigkeit für einen Beobachter auf die Konstanz für alle Beobachter zu schließen. Wie allerdings anschaulich gezeigt wurde, ist das gar nicht notwendig, denn bis jetzt wurden lediglich die Konstanz für einen Beobachter vorausgesetzt und sehr genau die Definition der Gleichzeitigkeit und ihr Bezug zur Längenmessung beachtet.

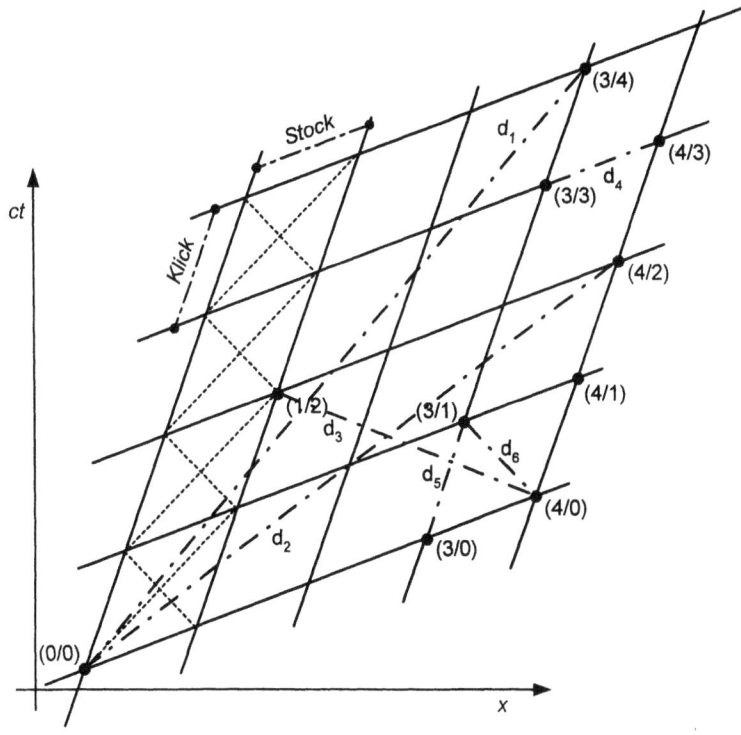

Abbildung 8. Koordinatensystem der bewegten Lichtuhren.

Eines fehlt freilich noch zu dem, was üblicherweise unter der Konstanz der Lichtgeschwindigkeit verstanden wird, nämlich dass alle Beobachter die Lichtgeschwindigkeit zu dem bekannten Wert c messen. Das setzt unter anderem voraus, dass alle Beobachter die gleichen Einheiten für Raum und Zeit verwenden, und zwar *Meter* und *Sekunden*, und nicht *Stab* oder *Stock* und *Tick* oder *Klick*.

Bevor diese Thematik weitergeführt werden kann, ist noch eine wichtige Überlegung zur Konstruktion von Koordinatensystemen anzustellen.

2.2.5 Zur Konstruktion von Koordinatensystemen

In *Abbildung 6* und *Abbildung 8* wurden gemäß ein und derselben Vorschrift zwei Koordinatensysteme konstruiert – eines für ruhende und eines für bewegte Lichtuhren. Es soll dabei nicht vergessen werden, dass die Darstellung beider konstruierter Koordinatensysteme selbst in einem Koordinatensystem erfolgt ist, nämlich im Koordinatensystem der Raum-Zeit-Diagramme, dessen Existenz vorausgesetzt wurde. Letztlich ist natürlich auch dieses Koordinatensystem ein konstruiertes, nämlich auf der Basis von wie auch immer getätigten Raum- und Zeitmessungen.

Wie leicht zu sehen ist, lässt sich das Koordinatensystem der ruhenden Lichtuhren mühelos in das Koordinatensystem des Diagramms übersetzen. Alles, was dazu benötigt wird, ist die Angabe des Verhältnisses zwischen den Raum- und Zeiteinheiten des Lichtuhr-Systems (*Stab* und *Tick*) und den gewohnten Einheiten *Meter* und *Sekunde* des Diagramm-Systems. Für das bewegte Lichtuhr-System wird die Übersetzung schwieriger, da die Raum- und Zeitachsen andere raum-zeitliche Orientierungen aufweisen.

Zunächst soll allerdings der zentrale Gedanke formuliert werden, der es erlauben wird, die Sichtweisen unterschiedlicher Beobachter in Beziehung zu setzen. Er ist in gewisser Weise das Herzstück des vorgeschlagenen Zuganges zur Relativitätstheorie und wird in Kapitel 3 ausführlich diskutiert werden.

> *Das einem Beobachter zugeordnete und durch einen Satz von Lichtuhren definierte Koordinatensystem beschreibt alles, was in Raum und Zeit vor sich geht, also auch Messprozesse, welche von anderen Beobachtern mit Hilfe von deren Lichtuhren durchgeführt werden. Da ein Koordinatensystem eine Konstruktion aus Messprozessen ist und da diese Messprozesse durch die dem jeweiligen Beobachter zugeordneten Lichtuhren genau definiert sind, kann jeder Beobachter erschließen, wie alle anderen Beobachter die Welt beschreiben.*

Wie im Folgenden gezeigt wird, können die Resultate aller Messungen, ob sie nun von ruhenden oder bewegten Beobachtern durchgeführt werden, als *Vergleiche von Euklidischen Raum-Zeit-Abständen* im Raum-Zeit-Diagramm jedes beliebigen Beobachters verstanden werden. Das heißt letztlich nichts anderes, als dass ein Lineal und ein Taschenrechner ausreichen, um aus einem Raum-Zeit-Diagramm nicht nur die Messergebnisse des ruhenden Beobachters abzulesen, sondern auch die eines vom Standpunkt des Diagramms bewegten Beobachters.

2.2.6 Messen und Eichen

Nach obigen Bemerkungen kann nun die Erörterung der Problematik fortgesetzt werden, wie die räumlichen und zeitlichen Messungen beziehungsweise die Koordinatensysteme verschiedener Beobachter miteinander zusammenhängen. Es wurde bereits gezeigt, dass allen nach dem Prinzip der Lichtuhr konstruierten Koordinatensystemen eines gemeinsam ist, nämlich die Konstanz der jeweiligen Lichtgeschwindigkeiten. Gänzlich offen ist noch die Eichung der Maßstäbe, die es unterschiedlichen Beobachtern erlauben würde, dieselben Raum- und Zeiteinheiten zu verwenden. Dieses *Eichungsproblem* kann in zwei Teilschritte zerlegt werden:

> Namenskonvention: *Zwei Beobachter benennen die Länge ihres beliebig gewählten Stabes mit „1 Meter" und wählen die Zeiteinheit so, dass die Lichtgeschwindigkeit den Wert c ergibt.*
>
> Eigentliche Eichung: *Zwei Beobachter kürzen oder verlängern ihre Meterstäbe so, dass wechselseitig durchgeführte Messungen dasselbe Resultat ergeben.*

Beide Schritte sind reine Konventionen, deren Sinnhaftigkeit sich noch herausstellen muss. Sollte allerdings die Eichung von Maßstäben zweier relativ bewegter Beobachter nicht sozusagen „physikalisch real" durchgeführt werden anstatt durch bloße Konventionen? Etwa so, dass ein Maßstab, der zunächst in einem Bezugssystem ruht, beschleunigt wird, bis er in einem anderen Bezugssystem ruht, um anschließend zur Eichung der Maßstäbe jenes Bezugssystems herangezogen zu werden?[12]

Dieser Einwand ist berechtigt, es sollen aber zunächst die beiden Schritte der konventionellen Eichung durchgeführt werde, weil sie einen wichtigen Beitrag zum Verständnis der Relativitätstheorie leisten.

2.2.7 Festlegung der Lichtgeschwindigkeit c für alle Beobachter

Die Festlegung der Lichtgeschwindigkeit zu dem bekannten Wert c bedeutet das Ende der Einheiten *Stab*, *Stock*, *Tick* und *Klick*, denn c hat die Einheit *Meter* pro *Sekunde*. Alle Beobachter müssen daher zumindest die Bezeichnungen *Meter* und *Sekunde* verwenden, wenn auch noch ohne allzu große Einschränkungen. Zunächst nennt jeder Beobachter einfach die Länge seines frei gewählten Stabes *1 Meter*.

---

[12] Das Eichungsproblem wird in Kapitel 3 noch ausführlich diskutiert. Dabei wird auch eine hier nicht genannte Variante der Eichung besprochen (Kapitel 3.4.2).

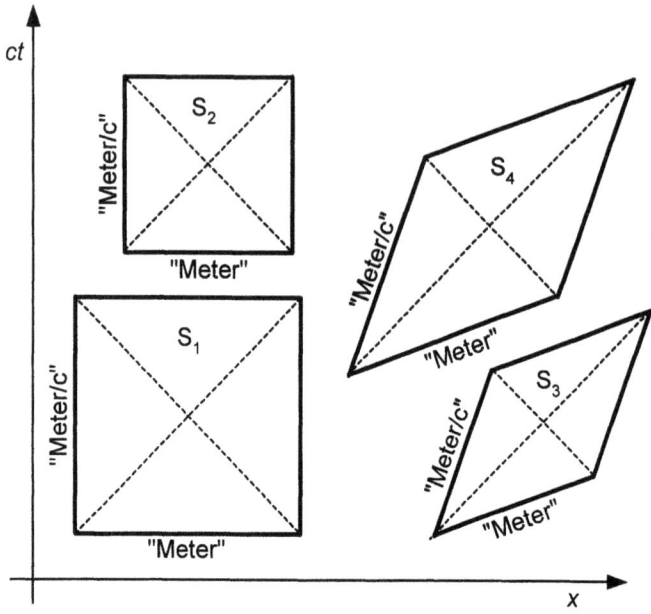

Abbildung 9. Unterschiedliche Beobachter nennen die Länge ihres Stabes „*Meter*" und den Abstand zwischen zwei Ticks „*Meter/c*".

Damit die Lichtgeschwindigkeit den Wert c annimmt, muss nun lediglich das, was vorher ein *Tick* (oder *Klick*) war, das Sekundenmaß

$$1\frac{Meter}{c}$$

zugewiesen bekommen. Wenn nämlich Licht nach alter Bezeichnung

$$1\frac{Stab}{Tick}$$

zurückgelegt hat, so wird es nun nach neuer Bezeichnung

$$1\frac{Meter}{\frac{Meter}{c}}$$

Sekunden zurücklegen, das ergibt

$$c\frac{Meter}{Sekunde},$$

wie es schließlich auch zu sein hat. Da es zunächst nur um das Verhältnis zwischen *Metern* und *Sekunden* geht, spielt die frei gewählte Länge des Meterstabes keine Rolle.

In *Abbildung 9* sind die Raum-Zeit-Kästchen zweier ruhender (S_1 und S_2) und zweier bewegter Systeme (S_3 und S_4) dargestellt. Alle zugehörigen Beobachter nennen ihre Kästchenbreite „*Meter*" und ihre Kästchenhöhe „*Meter/c*". Die Lichtgeschwindigkeit nimmt dadurch für alle Beobachter den Wert c an.

Das soeben beschriebene Verfahren hat neben der erzwungenen Gleichheit der Lichtgeschwindigkeit eine wichtige Konsequenz für das Messen von Geschwindigkeiten im Allgemeinen.

2.2.8 Messen von Geschwindigkeiten

Eine Geschwindigkeitsmessung setzt sich aus einer räumlichen und einer zeitlichen Abstandsmessung zusammen. Unter der Geschwindigkeit eines (konstant bewegten) Objektes versteht man das Verhältnis zwischen dem Raum- und dem Zeitabstand zwischen zwei beliebig gewählten Ereignissen auf seiner Weltlinie. Da es eben nur um ein Verhältnis geht, ist es dabei nebensächlich, wie groß das Raum-Zeit-Kästchen des messenden Beobachters gewählt wird. Geschwindigkeitsmessung ist also unabhängig von der Durchführung der eigentlichen Eichung.

Abbildung 10 zeigt eine Geschwindigkeitsmessung, die ein ruhender Beobachter an einem konstant bewegten Objekt vornimmt. Sie besteht aus einer räumlichen und einer zeitlichen Abstandsbestimmung zwischen den beliebig gewählten Ereignissen E_1 und E_2 auf der gemessenen Weltlinie.

Abbildung 11 zeigt die Geschwindigkeitsmessungen, die zwei relativ bewegte Beobachter S_1 und S_2 aneinander vornehmen. Wie allgemein gezeigt und an dem Beispiel nachgeprüft werden kann, gilt, dass das Verhältnis der Euklidischen Abstände x_1 zu ct_1 gleich dem Verhältnis x_2 zu ct_2 ist. Da beide Beobachter dieselben Bezeichnungen *Meter* und *Sekunde* verwenden und auch die Lichtgeschwindigkeit gleich messen, folgt daraus, dass sie die gleiche *Relativgeschwindigkeit* messen. Die Eichung ihrer Meterstäbe ist dafür nicht notwendig.

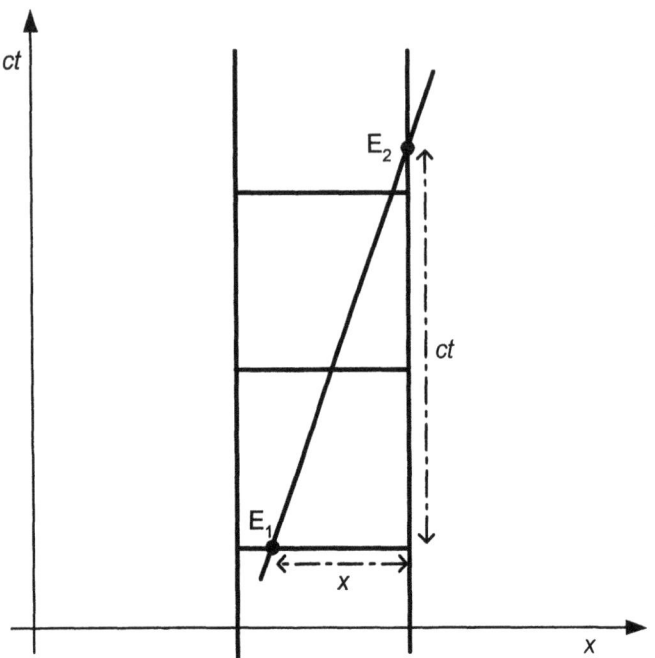

Abbildung 10. Geschwindigkeitsmessung an einem konstant bewegten Objekt.

Dieses Resultat wird, ähnlich wie die Konstanz der Lichtgeschwindigkeit, üblicherweise als Konsequenz des Relativitätsprinzips angesehen: Die Relativgeschwindigkeit muss von zwei relativ bewegten Beobachtern gleich gemessen werden, sonst würde ein Unterschied zwischen den Systemen bestehen, der mit dem Relativitätsprinzip nicht vereinbar wäre. In der gewählten Darstellung wurde das Relativitätsprinzip nicht benötigt. Es wurde nach wie vor nicht mehr vorausgesetzt als die Konstanz der Lichtgeschwindigkeit für *ein* Inertialsystem und die Definitionen von Gleichzeitigkeit und Längenmessung. Die rein konventionelle Gleich-Bezeichnung der Raum- und Zeiteinheiten der unterschiedlichen Beobachter hat es lediglich erlaubt, ein und dieselbe Einheit der Geschwindigkeit zu verwenden, nämlich *Meter* pro *Sekunde*.

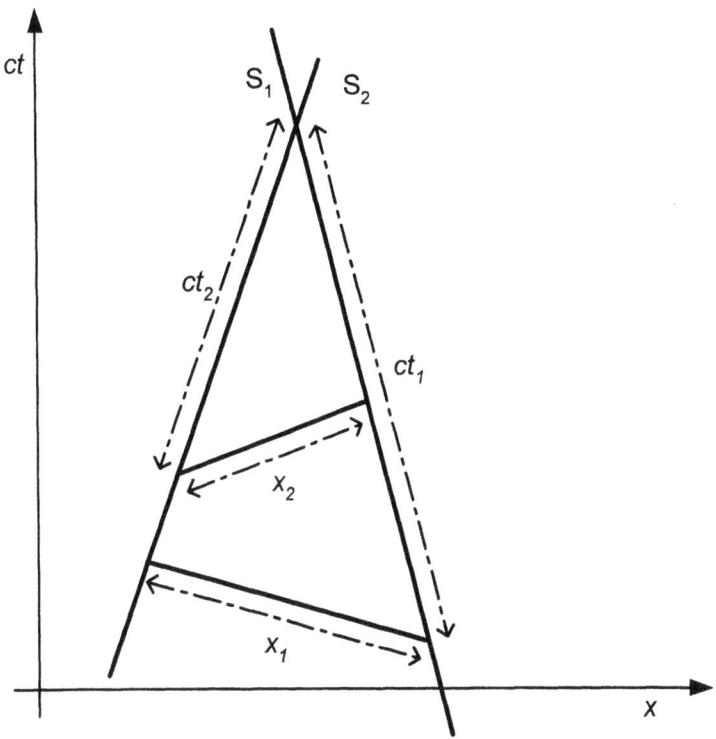

Abbildung 11. Wechselseitige Geschwindigkeitsmessung.

2.2.9 Wechselseitiges Messen von Längen

Dass das Messen von Längen gleichzeitig vom messenden System aus zu erfolgen hat, wurde bereits betont. Es werden nun zwei Beobachter in relativer Bewegung betrachtet, die aneinander Längenmessungen durchführen.

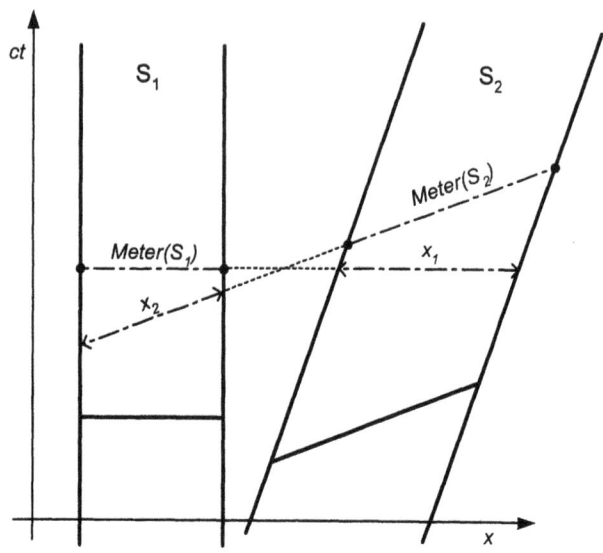

Abbildung 12. Wechselseitige Längenmessung.

Die beiden verwendeten Meterstäbe, ob geeicht oder nicht, sind vom Standpunkt des Diagramms in *Abbildung 12* sehr unterschiedliche Raum-Zeit-Abstände (der ruhende Stab ist ein rein räumlicher, der bewegte Stab ein kombinierter Raum-Zeit-Abstand). Vom Standpunkt des Diagramms kann weiters festgestellt werden kann, dass das Resultat der Längenmessung, die S_1 an S_2 durchführt, gegeben ist durch das Verhältnis zwischen den Euklidischen Raum-Zeit-Abständen x_1 und *Meter(S_1)*. In analoger Weise ist das Resultat der Längenmessung, die S_2 an S_1 durchführt, gegeben durch das Verhältnis zwischen x_2 und *Meter(S_2)*. Beide Beobachter versehen das Ergebnis ihre Längenmessung mit der Einheit *Meter*.

2.2.10 Zeitmessung

Die Messung von Zeitabständen an bewegten Lichtuhren ist *nicht* das zeitliche Gegenstück zur räumlich Längenmessung. Während es bei der Längenmessung um den Raum-Abstand zwischen zwei Ereignissen geht, die gleichzeitig *für das messende* System sind, interessiert bei der Zeitmessung der Zeitabstand zwischen zwei Ereignissen, die *für das gemessene* System am selben Ort stattfinden. Diese Art der Messung war bereits Teil der Geschwindigkeitsmessung in *Abbildung 10*.

Wenn man also wissen will, wie schnell eine andere im Vergleich zur eigenen Uhr tickt, betrachtet man den Zeitabstand zwischen zwei aufeinander folgenden Tick-Ereignissen jener Uhr.

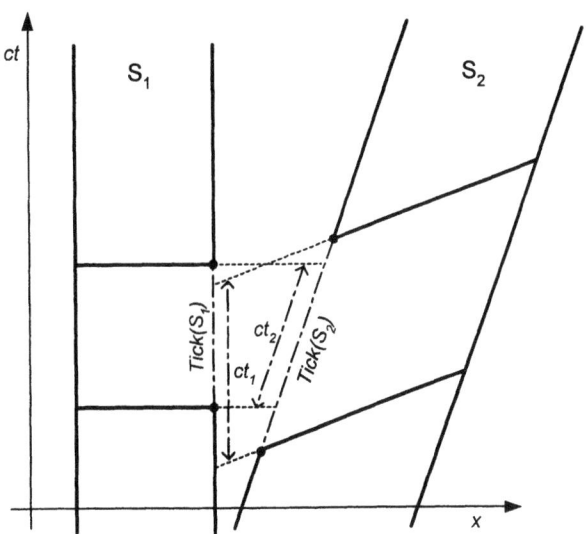

Abbildung 13. Wechselseitige Zeitmessung.

Abbildung 13 zeigt, wie zwei Beobachter die relative Gang-Geschwindigkeit ihrer Uhren bestimmen. Für Beobachter S_1 dauert ein Tick der Uhr des Beobachters S_2

$$\frac{ct_1}{Tick(S_1)}$$

mal so lange wie der eigene Tick. Für Beobachter S_2 dauert ein Tick der Uhr des Beobachters S_1

$$\frac{ct_2}{Tick(S_2)}$$

mal so lange wie der eigene Tick.

2.2.11 Die konventionelle Eichung von Maßstäben

Um zwei in relativer Ruhe befindliche Maßstäbe zu eichen, bedarf es keines aufwändigen Verfahrens. Da Einigkeit über die Gleichzeitigkeit von Ereignissen herrscht, stimmen die Beobachter auch darin überein, was eine Längenmessung ist.

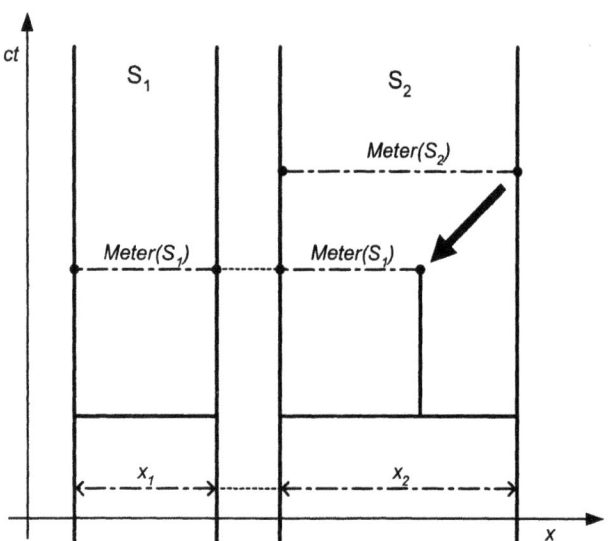

Abbildung 14. Eichung von Maßstäben zweier ruhender Beobachter.

Die beiden Beobachter S_1 und S_2 in *Abbildung 14* sind sich darüber einig, dass der Meterstab von S_2 um den Faktor

$$\frac{x_2}{x_1}$$

länger ist als der Meterstab von S_1. Die Eichung erfolgt in diesem Fall so, dass S_2 seinen Maßstab derart verkürzt, dass er von S_1 zu *1 Meter* gemessen wird. Nun ergibt klarerweise auch die Messung von S_2 am Meterstab von S_1 das Resultat *1 Meter*.

Schwieriger wird es, wenn sich die zu eichenden Systeme in relativer Bewegung befinden.

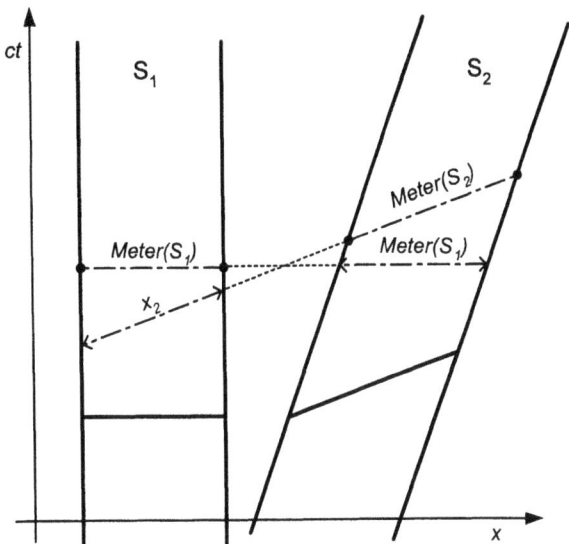

Abbildung 15. Eichungsversuch von Maßstäben relativ bewegter Beobachter.

Wie genaues Nachmessen in *Abbildung 15* ergibt, stimmen die beiden relativ bewegten Beobachter nicht darin überein, um welchen Faktor einer der beiden Stäbe länger oder kürzer ist. Die dahinter stehende naive Anwendung des Verfahrens von *Abbildung 14* führt nämlich nicht zu dem gewünschten Ergebnis: Wenn S_2 seinen Stab so anpasst, dass er von S_1 zu einem Meter gemessen wird, so misst S_2 den Stab von S_1 *nicht* ebenfalls zu einem Meter, sondern sieht ihn verkürzt!

Was also tun, um zu einer vernünftigen Eichung von Maßstäben relativ bewegter Beobachter zu kommen?

Die vorgeschlagene Lösung steckt bereits in der Beschreibung des einfacheren, ruhenden Szenarios, wo der Erfolg der Eichung daran festgemacht wurde, dass am Ende beide Stäbe einander zu *1 Meter* gemessen haben. Dass eine wechselseitige Messung zu *1 Meter* im Allgemeinen nicht möglich ist, hat *Abbildung 15* gezeigt; das heißt aber noch lange nicht, dass die Eichung nicht so durchgeführt werden kann, dass schlussendlich beide Stäbe einander *zum selben Resultat* messen.

Nochmals klar ausgedrückt lautet die vorgeschlagene Eichungsvorschrift wie folgt:

> *Zwei Systeme haben die Länge ihrer Meterstäbe so festzulegen, dass die wechselseitige Messung jeweils dasselbe Resultat ergibt.*

Diese Vorschrift trägt zwar irgendwie den Geist des Relativitätsprinzips in sich, ist aber doch etwas prinzipiell anderes. Dem Relativitätsprinzip folgend würde man sagen: „Die wechselseitige Messung von zwei gleichen Meterstäben in unterschiedlichen Bewegungszuständen muss dasselbe Resultat liefern." Was hier allerdings versucht wird, ist zuerst einmal eine Definition der Gleichheit von Meterstäben in relativer Bewegung: „Zwei Meterstäbe sind per Definition *gleich* (lang), wenn die wechselseitige Messung dasselbe Resultat liefert."

Abbildung 16 zeigt die erfolgreiche Eichung zweier relativ bewegter Meterstäbe gemäß der gewählten Vorschrift. Es gilt, dass das Verhältnis zwischen x_1 und *Meter(S_1)* gleich dem Verhältnis zwischen x_2 und *Meter(S_2)* ist.

Wie im Diagramm nachgeprüft werden kann, werden nun nach erfolgter Eichung die beiden Meterstäbe vom jeweils anderen Meterstab zu einem geringeren Wert als *1 Meter* gemessen.

Was jetzt noch fehlt, ist die Adaption der Zeitskala der durch die Stabeichung veränderten Lichtuhr, die nach dem ersten Schritt des Eichungsverfahrens durchgeführt wird. Die neue Dauer eines Ticks, die sich aus der veränderten Stablänge ergibt, wird wiederum

$$1\frac{Meter}{c}$$

genannt, womit die Dauer einer Sekunde festgelegt ist.

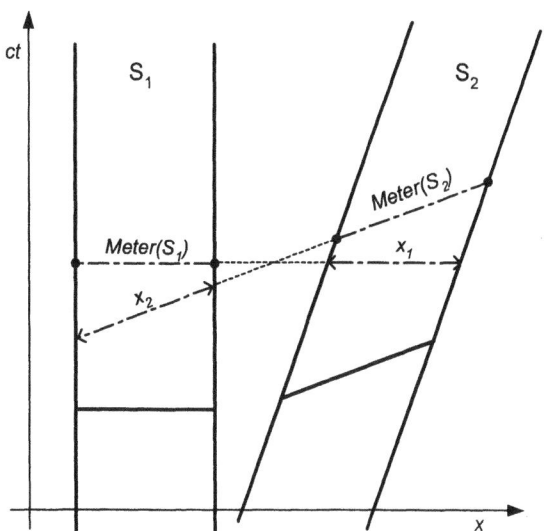

Abbildung 16. Erfolgreiche Eichung der Maßstäbe zweier relativ bewegter Beobachter.

2.2.12 Eichung mehrerer Systeme

Es wurde bisher gezeigt, wie die Raum- und Zeiteinheiten zweier Systeme geeicht werden können. Wie verfährt man allerdings, wenn mehr als zwei Systeme zu eichen sind? Die nahe liegende Antwort ist, dass der Meterstab eines ausgewählten Systems konstant gehalten wird und alle anderen Systeme so angepasst werden, dass die Eichungsbedingung erfüllt ist. Was aber hat das für Konsequenzen für das gegenseitige Messen der angepassten Systeme? Messen diese Systeme ihre Meterstäbe ebenfalls zu dem jeweils gleichen Resultat?

Genau so ist es! Das ist wiederum eine geometrische Eigenschaft, die aus den getroffenen Annahmen folgt und in *Abbildung 17* veranschaulicht ist.

Die geeichten Maßstäbe messen einander zum jeweils selben Resultat. Das kann man im Diagramm durch Überprüfen folgender Aussagen nachvollziehen:

$$x_{2,1} : Meter(S_1) = x_{1,2} : Meter(S_2)$$
$$x_{3,1} : Meter(S_1) = x_{1,3} : Meter(S_3)$$
$$x_{3,2} : Meter(S_2) = x_{2,3} : Meter(S_3)$$

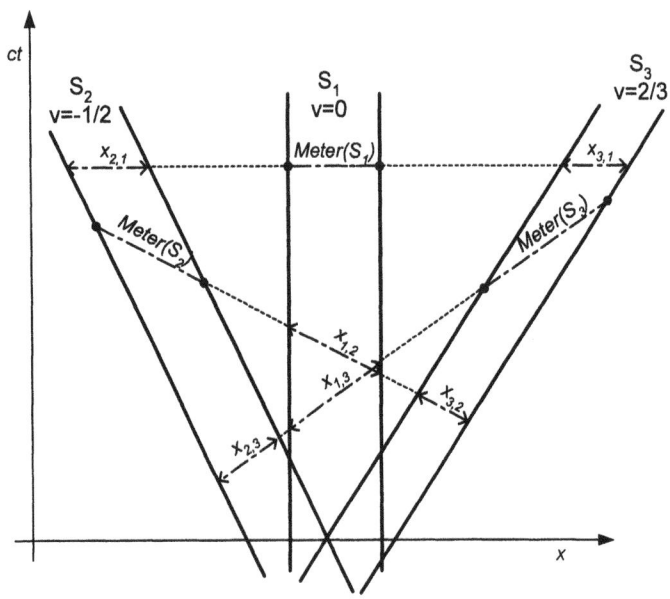

Abbildung 17. Längenmessung zwischen drei geeichten Systemen.

2.2.13 Längenkontraktion und Zeitdilatation

Das im ersten Kapitel genannte Phänomen der Längenkontraktion ist zu diesem Punkt der Darstellung bereits anschaulich geklärt und aus *Abbildung 16* beziehungsweise *Abbildung 17* abzulesen. Es gilt:

$$x_1 : meter(S_1) = x_2 : meter(S_2) < 1$$

Es muss allerdings zunächst eine vorsichtige Formulierung des Phänomens der Längenkontraktion gewählt werden:

> **Längenkontraktion**
> *Zwei durch die Eichvorschrift als gleich lang definierte Meterstäbe in relativer Bewegung messen einander zu einer geringeren Länge als 1 Meter.*

Vorsichtig deshalb, weil aus den bis jetzt getroffenen Festlegungen keinesfalls geschlossen werden darf, dass sich ein physikalisches Objekt nach einem Beschleunigungsvorgang tatsächlich verkürzt.

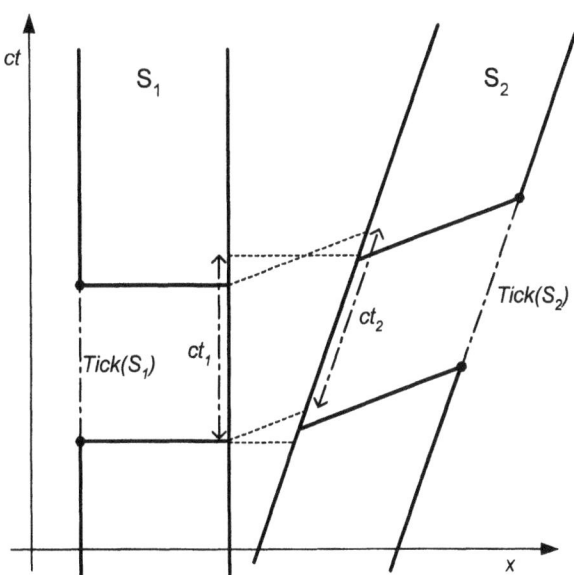

Abbildung 18. Wechselseitige Zeitmessung zwischen zwei geeichten Lichtuhren.

Das Phänomen der Zeitdilatation ist in *Abbildung 18* veranschaulicht. Die beiden geeichten Lichtuhren messen für die Dauer des Ticks der jeweils anderen Uhr ein längeres Zeitintervall. Es gilt:

$$c \cdot t_1 : Tick(S_1) = c \cdot t_2 : Tick(S_2) > 1$$

Für die vorläufige Formulierung des Phänomens der Zeitdilatation gilt die gleiche Vorsicht wie für die Längenkontraktion.

> **Zeitdilatation**
>
> *Zwei durch die Eichvorschrift als gleich lang definierte Lichtuhren in relativer Bewegung messen die Dauer eines Ticks der jeweils anderen Uhr zu einem Wert, der größer ist als die Dauer des eigenen Ticks.*

2.3 Transformation von Koordinatensystemen

Wenn die Ausführungen bis zu diesem Punkt anschaulich verständlich waren, dann sollte es die Relativitätstheorie auch sein. Im Prinzip besteht nämlich die Relativitätstheorie aus nicht viel mehr als dem bereits Gezeigten.

Zur Erinnerung sei nochmals erwähnt, dass die Relativitätstheorie die Resultate physikalischer Messungen, die von unterschiedlichen Beobachtern durchgeführt werden, miteinander in Beziehung setzt. Die Beziehung zwischen den Raum- und Zeitmessungen der durch Lichtuhren definierten Beobachter wird durch die Transformations-Gesetze der Relativitätstheorie[13] beschrieben, die folgendes Aussehen haben.

Die Lorentz-Transformationen

$$x' = \frac{(x - v \cdot t)}{\sqrt{1 - \frac{v^2}{c^2}}} \qquad t' = \frac{(t - \frac{v \cdot x}{c^2})}{\sqrt{1 - \frac{v^2}{c^2}}} \qquad (2.1)$$

Abgesehen vom mathematischen Anhang wird in diesem Buch mit diesen Formeln nicht hantiert. Es soll nur erklärt werden, was sie im Großen und Ganzen aussagen, und das ist recht einfach zu beschreiben.

Man geht davon aus, dass zwei sich mit Relativgeschwindigkeit v bewegende Beobachter mit geeichten Messinstrumenten ein und dasselbe Ereignis E mit Raum-Zeit-Koordinaten versehen. Dabei nimmt man an, dass sich die Beobachter über ein gemeinsames Ursprungsereignis *(0/0)* geeinigt haben. Der Beobachter S gibt dem Ereignis E die Koordinaten *(x/t)*, der Beobachter S' gibt dem Ereignis E die Koordinaten *(x'/t')*. Die Lorentz-Transformationen beschreiben den Zusammenhang zwischen den beiden Koordinatenpaaren.

---

[13] Die Transformations-Gesetze sind nach dem Physiker H.A. Lorentz benannt.

Ein Blick auf die rechten Seiten der beiden Formeln zeigt neben den Koordinaten x und t die Konstante c für die Lichtgeschwindigkeit und die Variable v für die Relativgeschwindigkeit der beiden Beobachter (die ja von beiden gleich gemessen wird).[14] Kennt man also die Koordinaten in einem System und die Relativgeschwindigkeit dieses Systems zu einem zweiten System, so kann man die Koordinaten in diesem zweiten System berechnen.

Im Anhang wird für den mathematisch interessierten Leser gezeigt, wie sich diese Formeln durch bloße Anwendung elementarer Euklidischer Geometrie aus den getroffenen Annahmen und Definitionen ergeben. Nun werden die wichtigsten Eigenschaften der Transformations-Gesetze besprochen und vor allem veranschaulicht.

2.3.1 Transformation eines Raum-Zeit-Kästchens

Mithilfe der Lorentz-Transformationen wird im folgenden Beispiel ein Raum-Zeit-Kästchen eines ruhenden Beobachters in das Koordinatensystem eines Beobachters transformiert, der sich mit Relativgeschwindigkeit

$$v = \frac{2}{3}c$$

bewegt. Ein Raum-Zeit-Kästchen eines Beobachters ist durch seine vier Eckpunkte eindeutig beschrieben. Alles, was also getan werden muss, ist die Anwendung der Lorentz-Transformationen auf die vier Eckpunkte A, B, C und D des ruhenden Raum-Zeit-Kästchens.

Abbildung 19 zeigt das Raum-Zeit-Kästchen des ruhenden Beobachters S vor und nach einer Lorentz-Transformation. Das zweite Diagramm stellt dabei die Perspektive des bewegten Beobachters S' dar, der sich mit Geschwindigkeit v relativ zu S bewegt.

Dieses Beispiel zeigt, dass die Formeln der Lorentz-Transformation tatsächlich genau das beschreiben, was bereits anschaulich entwickelt wurde. Ein Hinweis ist allerdings angebracht, nämlich dass sich von der Perspektive von S' der Beobachter S mit der Geschwindigkeit $-v$ bewegt, während davon ausgegangen wurde, dass S' sich für S mit der Geschwindigkeit $+v$ bewegt. In der mathematischen Darstellung der Lorentz-Transformationen herrscht also Einigkeit über den Betrag der Relativgeschwindigkeit, nicht aber über die Richtung.

---

[14] Siehe Kapitel 2.2.8.

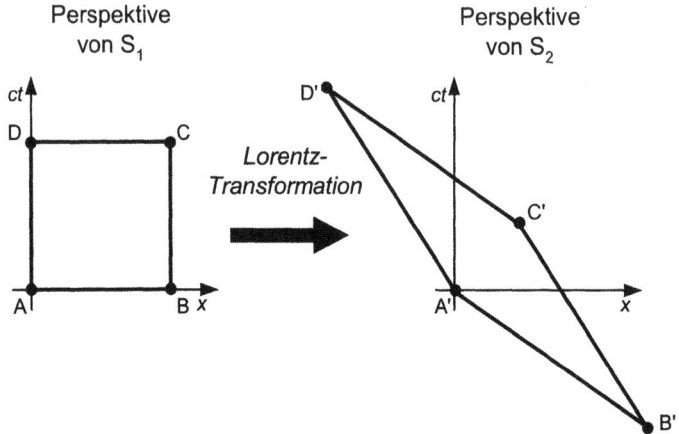

Abbildung 19. Lorentz-Transformation des Raum-Zeit-Kästchens einer ruhenden Lichtuhr in das Koordinatensystem eines bewegten Beobachters.

2.3.2 Raum-Zeit-Fläche

Eine für das anschauliche Verständnis der Relativitätstheorie wichtige Eigenschaft der Lorentz-Transformationen ist in *Abbildung 20* dargestellt. Diese Eigenschaft betrifft die Fläche der Raum-Zeit-Kästchen von Lichtuhren, die gemäß der Eichungsvorschrift als gleich definiert wurden.

> *Alle durch die Eichungsvorschrift als gleich definierten Lichtuhren bringen dieselbe Raum-Zeit-Fläche hervor.*[15]

Diese Flächengleichheit kann im Zusammenhang mit einer weiteren anschaulichen Eigenschaft der Lorentz-Transformationen gesehen werden. Man kann nämlich die Lorentz-Transformationen als eine kombinierte Streck- und Stauchoperation in der Euklidischen Geometrie der Raum-Zeit-Diagramme verstehen.

> *Jede Lorentz-Transformation kann als Streckung um einen Faktor K entlang einer Licht-Diagonale nebst Stauchung um denselben Faktor K entlang der anderen Licht-Diagonale verstanden werden.*

---

[15] Diese Aussage gilt sinngemäß auch für das 4-dimensionale raum-zeitliche Volumen; siehe dazu die Kapitel 2.6 und 4.1.9.

Da die Streckung um einen Faktor K die Fläche mit K multipliziert und da eine Stauchung um den Faktor K die Fläche durch K dividiert, muss die kombinierte Anwendung beider Operationen wiederum die ursprüngliche Fläche ergeben (*Abbildung 21*).

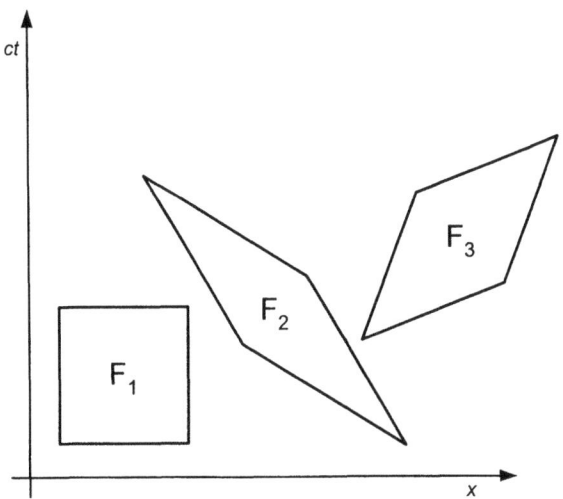

Abbildung 20. Als gleich definierte Lichtuhren haben dieselbe Raum-Zeit-Fläche ($F_1=F_2=F_3$).

Der Extremfall der kombinierten Streck- und Stauchoperation ergibt ein unendlich langes und unendlich dünnes Parallelogramm. Das passiert, wenn die Geschwindigkeit v den Wert c annimmt. Höhere Geschwindigkeiten von Objekten ergeben keinen Sinn mehr in der Relativitätstheorie, was sich in den Formeln der Lorentz-Transformationen dadurch ausdrückt, dass der Term unter der Quadratwurzel kleiner als Null wird. Es kann also festgestellt werden, dass die Annahme der Existenz physikalischer Objekte, die sich schneller als Licht bewegen, mit der Relativitätstheorie nicht verträglich ist. Oder anders gesagt:

> Die Lichtgeschwindigkeit ist die Maximal- oder Grenzgeschwindigkeit für physikalische Objekte.

Man kann Lorentz-Transformationen natürlich nicht nur auf einzelne Raum-Zeit-Kästchen anwenden, sondern auch auf ganze Szenarien raum-zeitlichen Geschehens. Davon wird unter anderem bei der Behandlung des so genannten Zwillings-Paradoxons Gebrauch gemacht werden.

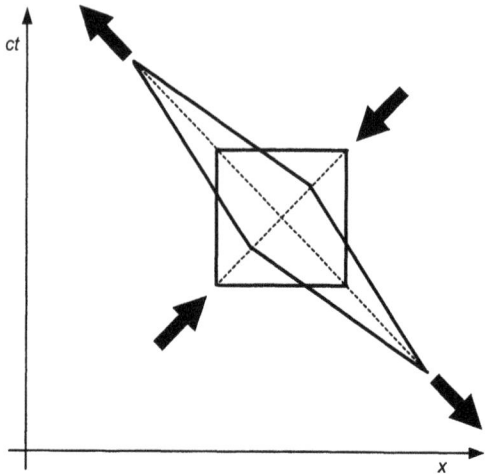

Abbildung 21. Die Raum-Zeit-Kästchen relativ bewegter Beobachter gehen durch eine kombinierte Streck- und Stauch-Operation aus einander hervor.

2.3.3 Gleichberechtigung von Beobachtern

Es ist nun ein guter Zeitpunkt, das bisher Gezeigte zusammenzufassen. Die Annahme der Konstanz der Lichtgeschwindigkeit für einen Beobachter, die Definition der Gleichzeitigkeit, die Definition der Längenmessung und die konventionelle Eichung haben zu den elementaren Formeln der Relativitätstheorie geführt, zu den Lorentz-Transformationen. Diese konnten veranschaulicht werden. Da es sich bis jetzt um bloße Definitionen beziehungsweise Konventionen handelt, muss noch die physikalische Bedeutung der Resultate geklärt werden.

Davor soll allerdings erstmals auf eine für die Interpretation der Relativitätstheorie zentrale Frage eingegangen werden, die sich mit der Existenz eines privilegierten Beobachters oder Inertialsystems beschäftigt. Ein privilegierter Beobachter würde *objektiv ruhen* und sozusagen die *wahren* räumlichen und zeitlichen Abstände messen. Er würde entscheiden können, welche Ereignisse tatsächlich gleichzeitig sind und welche von der Perspektive eines *objektiv bewegten* Beobachters nur so erscheinen.

Sollte ein derart privilegiertes System existieren, so wurde durch die getroffenen Definitionen und Konventionen alles dafür getan, dass es durch den Vergleich von räumlichen und zeitlichen Messungen relativ bewegter Beobachter nicht bestimmbar wäre. Das ist etwa daran zu erkennen, dass in den Formeln der Lorentz-Transformationen nur eine Relativ-Geschwindigkeit und keine Absolut-Geschwindigkeit vorkommt. Die verschiedenen Beobachter sind also vollkommen gleichberechtigt, was sich geometrisch in der Aussage niederschlägt, dass jeder Beobachter aus seiner Sicht rechtwinkelige Raum-Zeit-Diagramme konstruieren kann.

2.4 Die physikalische Bedeutung der Lorentz-Transformationen

Die Tatsache, dass die bisherigen Schritte nichts weiter als ein Spiel mit Konventionen waren, wird zunächst an einem Gedankenexperiment verdeutlicht. Damit die Lorentz-Transformationen physikalische Aussagekraft erlangen, sollten sie jedoch aus einer physikalischen Annahme hergeleitet werden. Es wird eine geeignete Annahme vorgeschlagen, die das Beschleunigungsverhalten von physikalischen Objekten betrifft. Die mathematische Herleitung der Lorentz-Transformationen aus dieser Annahme erfolgt zwar erst im vierten Kapitel, die Idee kann aber wie alle Schritte bisher grafisch entwickelt werden.

2.4.1 Relativitätstheorie für Schall

In einem ruhenden Medium (z.B. Wasser oder Luft) haben Schallwellen[16] immer die gleiche Geschwindigkeit, unabhängig von der Geschwindigkeit der Schallquelle. Für einen relativ zum Medium bewegten Beobachter gilt die Konstanz der Schallgeschwindigkeit allerdings nicht. Ein Beobachter, der sich von einer Schallquelle entfernt, wird die Schallgeschwindigkeit zu einem geringeren Wert messen, und ein Beobachter, der sich der Schallquelle nähert, wird die Schallgeschwindigkeit zu einem höheren Wert messen. Diese Aussagen gehen allerdings davon aus, dass Raum- und Zeitabstände und damit auch Geschwindigkeiten auf herkömmliche Art und Weise gemessen werden.

Was jetzt allerdings in einem Gedankenexperiment versucht werden soll, ist eine Festlegung der Messvorgänge auf der Basis der Konstanz der Schallgeschwindigkeit – genau so wie bis jetzt Messvorgänge auf der Basis der Konstanz der Lichtgeschwindigkeit festgelegt wurden.

Es wird also Gleichzeitigkeit auf der Basis der Konstanz der Schallgeschwindigkeit definiert, es werden Schalluhren anstelle von Lichtuhren gebaut, die

---

[16] Die Konstanz der Schallgeschwindigkeit gilt, genau genommen, nur für Schallwellen mit jeweils gleicher Frequenz.

Raum- und Zeiteinheiten werden so benannt, dass die Schallgeschwindigkeit für alle Beobachter gleich groß ist, und die Stablängen der Schalluhren werden so geeicht, dass sie einander zum jeweils gleichen Resultat messen.

Das Zeichnen von Raum-Zeit-Diagrammen zur Entwicklung dieser Idee erübrigt sich, und zwar deshalb, weil sie genau gleich aussehen würden wie die bisherigen Diagramme. Der einzige Unterschied würde die Skalierung der Zeitachse betreffen (für die Konstante c müsste man anstelle der Lichtgeschwindigkeit die Schallgeschwindigkeit einsetzen).

Ebenso hätten die zugehörigen Lorentz-Transformationen für die Schallwelt dasselbe Aussehen. Alle Beobachter würden die Schallgeschwindigkeit zum selben Wert messen und würden auch ihre Relativgeschwindigkeiten gleich messen. Folglich könnte keiner der Beobachter aus seinen Raum- und Zeitmessungen erschließen, ob er sich relativ zum Medium bewegt oder nicht.

Und dennoch besteht ein ganz gewaltiger Unterschied zwischen der „echten", Licht-basierten Relativitätstheorie und der Schall-basierten Relativitätstheorie. In der echten Relativitätstheorie geht man nämlich davon aus, dass ein Maßstab oder ein Objekt im Allgemeinen nach einer Beschleunigung tatsächlich die verkürzte Länge hat, die sich aus der Eichvorschrift ergibt und wie sie aus den Lorentz-Transformationen berechnet werden kann. Für die Schall-basierte Relativitätstheorie würde das etwa bedeuten, dass alle Objekte, wenn sie auf Schallgeschwindigkeit beschleunigt werden, eine Länge von Null hätten. Diese Annahme ist durch die Beobachtung von Flugzeugen, die sich mit Schallgeschwindigkeit bewegen, ausreichend empirisch widerlegt.

Logisch zusammenhängende Definitionen[17] sind also eine Sache, experimentell überprüfbare physikalische Aussagen eine ganz andere. Es ist nun höchste Zeit, den bloßen Konventionen den Rücken zu kehren und über physikalische Aussagen zu sprechen. Für die Gültigkeit der Relativitätstheorie ist dabei genau eine Frage entscheidend:

> *Was passiert tatsächlich mit einem Meterstab (oder Objekt im Allgemeinen), wenn er (oder es) beschleunigt wird?*

---

[17] Interessant ist die Frage, ob sich kausale Paradoxien ergeben, wenn Schallbeobachter versuchen, Lichtsignale zu beschreiben. Svozil (2000) vertritt diese Meinung, in (Winkler, 2002b) wurde für die gegenteilige Ansicht argumentiert.

2.4.2 Längenkontraktion und Beschleunigung

Das Thema Beschleunigung in der Speziellen Relativitätstheorie ist zwiespältig. Einerseits spricht die Spezielle Relativitätstheorie nur von inertialen, also unbeschleunigten Beobachtern, andererseits gibt es keinen Grund, beschleunigte Bewegungen von physikalischen Objekten, wie sie von inertialen Beobachtern beschrieben werden, von der Betrachtung auszuschließen. Daraus ergibt sich eine gewisse Ungereimtheit, wenn man, wie bereits vorgeschlagen, die Sichtweise eines Beobachters als eine Konstruktion von physikalischen Vorgängen (Messprozessen) auffasst. Warum sollte man nicht auch aus „beschleunigten" physikalischen Vorgängen Beobachter-Sichtweisen konstruieren? Für das Modell der Lichtuhr, die sowohl für das physikalische Objekt als auch für den Beobachter steht, bedeutet dies, dass es durchaus auch im Rahmen der Speziellen Relativitätstheorie Sinn macht, sich zu fragen, was mit einer Lichtuhr passiert, wenn sie beschleunigt wird. Vielmehr noch, eigentlich muss man sich diese Frage stellen, um den Lorentz-Transformationen eine physikalische Bedeutung zu geben, die über die getroffenen Konventionen hinausreicht.[18]

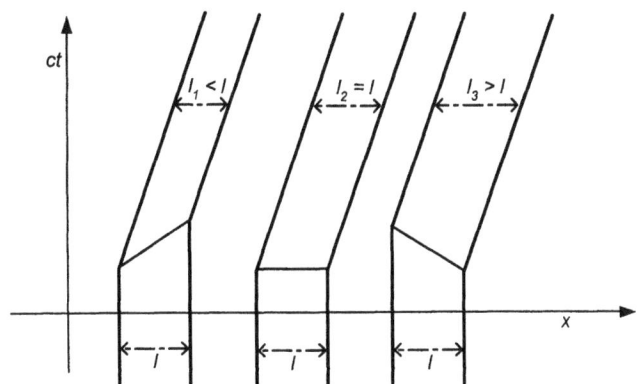

Abbildung 22. Die zeitliche Folge der Beschleunigung der Teile eines Objektes ist entscheidend für die Längenänderung.

Da die Formeln der Relativitätstheorie (die Lorentz-Transformationen) aus den bisherigen Annahmen folgen, kann bereits gesagt werden, was das Resultat einer

---

[18] Siehe Kapitel 3.4.1.

Beschleunigung eines physikalischen Objektes sein muss, damit die Relativitätstheorie gilt. Ein Meterstab muss nach einer Beschleunigung so verkürzt sein, dass die wechselseitige Messung zwischen ihm und einem ruhenden Meterstab dasselbe Resultat ergibt.

Es wird sich im Folgenden herausstellen, dass für eine mögliche Längenänderung eines Objektes im Zuge eines Beschleunigungsvorganges die zeitliche Folge der Beschleunigung der Teile des Objektes die entscheidende Rolle spielt.

Ein Blick auf *Abbildung 22* zeigt, dass bei der Beschleunigung eines Objektes die resultierende Änderung seiner Länge davon abhängt, wann die einzelnen Teile des Objektes ihre Geschwindigkeit ändern. Alle drei Objekte ruhen zunächst und haben dieselbe Länge *l*. Alle drei Objekte werden auf dieselbe Geschwindigkeit beschleunigt, allerdings unterscheiden sich die Beschleunigungsvorgänge in der zeitlichen Abfolge der Beschleunigungen der beiden Enden des Objektes.

- *Das erste Objekt verkürzt sich, da das vordere Ende später als das hintere Ende beschleunigt wird.*
- *Das zweite Objekt behält seine Länge, da hinteres und vorderes Ende gleichzeitig (von der Perspektive des Diagramms) beschleunigt werden.*
- *Das dritte Objekt verlängert sich, da das vordere Ende früher als das hintere Ende beschleunigt wird.*

Vom Standpunkt des gewählten Zuganges zur Relativitätstheorie muss eine Beschleunigung des ersten Typs vorliegen, damit tatsächlich die geforderte Längenkontraktion gilt. Umgekehrt lässt sich auch feststellen, dass die Relativitätstheorie aus einer geeigneten Annahme zur Beschleunigung physikalischer Objekte vollständig hergeleitet werden kann.[19] Formal wird dieser Weg im Anhang beschritten. An dieser Stelle soll die Beschleunigungsannahme, die das leistet, veranschaulicht werden. Im dritten Kapitel wird sie ein wichtiges Thema für die Interpretation der Relativitätstheorie darstellen.

2.4.3 Reflexion und Tangentialsystem

In der mathematischen Betrachtung ist jede kontinuierliche Beschleunigung eines punktförmigen Objektes eine Summe von unendlich vielen, unendlich kleinen „sprunghaften" Geschwindigkeitsänderungen. Für jede dieser Geschwindigkeitsänderungen gibt es einen Beobachter, der die Geschwindigkeit,

---

[19] Mit der einzigen zusätzlichen Annahme der Konstanz der Lichtgeschwindigkeit für einen Beobachter.

die das Objekt kurz vor der Änderung und die Geschwindigkeit kurz nach der Änderung als gleich groß, jedoch entgegengesetzt misst. Dieser Beobachter sei als das *Tangentialsystem* bezeichnet.

Als Beispiel kann man sich folgende Situation auf der Autobahn vorstellen.[20] Ein Autofahrer fährt mit einer Geschwindigkeit von *100 km/h* auf der ersten Spur und nähert sich einem vor ihm fahrenden Auto, das mit *80 km/h* unterwegs ist. Ohne seine Geschwindigkeit zu ändern, wechselt der Autofahrer auf die zweite Spur und setzt zum Überholmanöver an. Just in dem Moment, als die beiden Autos auf gleicher Höhe sind, beschleunigt das langsame Auto von *80 km/h* auf *120 km/h* und zieht davon.

Vom Ruhsystem des nunmehr leicht verärgerten Autofahrers stellt sich die Situation so dar, dass sich ihm ein Auto von vorne mit *20 km/h* genähert hat, um sich nach einer plötzlichen Beschleunigung mit *20 km/h* von ihm zu entfernen, gerade so, als ob es reflektiert worden wäre. Für den beschriebenen Beschleunigungsvorgang bildet das konstant mit *100 km/h* fahrende Auto gemäß obiger Definition das Tangentialsystem.

Abbildung 23 zeigt eine idealisierte Reflexion eines Objektes von der Perspektive des Tangentialsystems. Das betrachtete Objekt ändert seine Geschwindigkeit von *–v* auf *+v*. Wenn die Länge des Objektes, wie sie im Tangentialsystem gemessen wird, vor und nach der Reflexion gleich sein soll, müssen die Geschwindigkeitsänderungen aller Teile des Objektes gleichzeitig für das Tangentialsystem stattfinden.

Diese Annahme ist genauso simpel wie fragwürdig, scheint sie doch eine gespenstische Fernwirkung vorauszusetzen, die das gleichzeitige Agieren aller Teile des Objektes steuert. Für real existierende, zusammengesetzte physikalische Objekte wie Autos stimmt diese Annahme sicherlich nicht, da bekanntermaßen Spannungen und zumindest kurzfristige Deformationen auftreten, wann immer eine Beschleunigung stattfindet. Das ändert allerdings nichts daran, dass anzunehmen ist, dass ein Auto nach Abklingen dieser Spannungen wiederum von der Perspektive des Tangentialsystems dieselbe Länge hat. Jedenfalls muss die idealisierte Beschleunigungsannahme noch diskutiert werden.[21]

An dieser Stelle sollen die Konsequenzen der Annahme der gleichzeitigen Beschleunigung veranschaulicht werden.

---

[20] Die relativistische Geschwindigkeitsaddition wurde in diesem Beispiel nicht berücksichtigt.
[21] Siehe Kapitel 3.4.3.

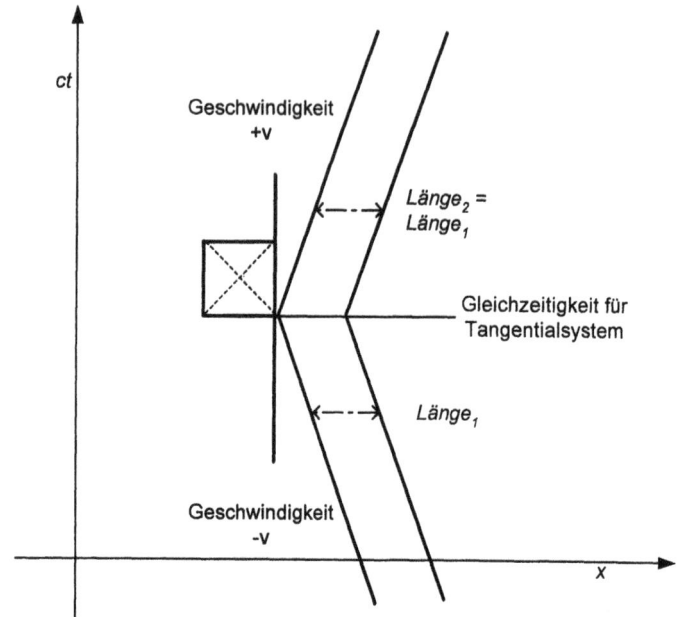

Abbildung 23. Sprunghafte Geschwindigkeitsänderung von der Perspektive des Tangentialsystems.

Abbildung 24 zeigt das Beschleunigungs-Szenario von der Perspektive des Ruhsystems des Objektes vor der Beschleunigung. Dieses Diagramm entsteht durch eine Lorentz-Transformation von *Abbildung 23*, wobei allerdings die Längenmessungen von der Perspektive des nunmehrigen Ruhsystems eingezeichnet sind. Die offensichtlich stattfindende Verkürzung des beschleunigten Objektes erklärt sich, wie in *Abbildung 22* beschrieben, aus den nun asynchronen Geschwindigkeitsänderungen der Teile des Objektes.[22]

---

[22] Im vierten Kapitel wird aus diesem Szenario der Eichungs-Term für die Lorentz-Transformationen hergeleitet werden. Neben der noch zu diskutierenden *Annahme der* gleichzeitigen *Beschleunigung* könnte man diesen Term natürlich aus dem Relativitätsprinzip herleiten: *Beschleunigung findet so statt, dass das Relativitätsprinzip für das Vorher- und das Nachher-System gilt.*

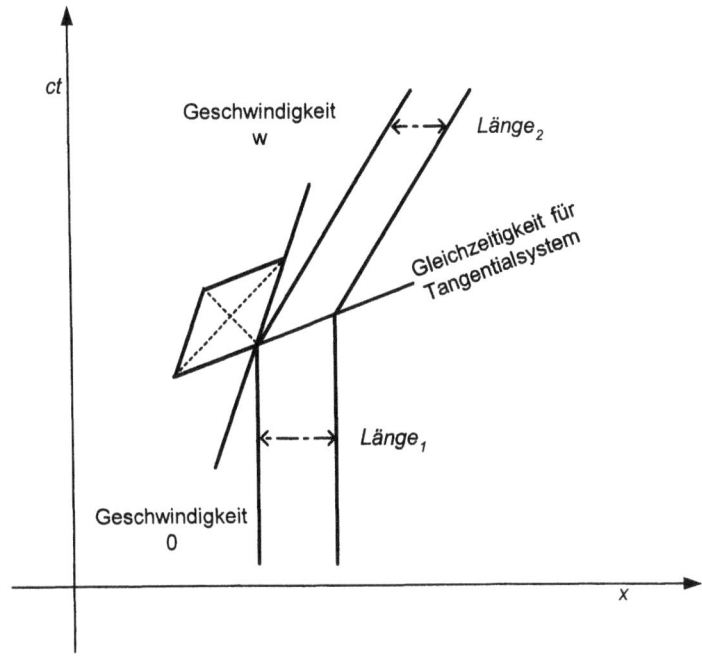

Abbildung 24. Lorentz-Transformation des Beschleunigungs-Szenarios in das Ruhsystem des Objektes vor der Beschleunigung.

2.5 Anschauliche Beispiele

Das erste der folgenden vertiefenden Beispiele ist das berühmte Zwillingsparadoxon, das mithilfe des anschaulichen Zuganges sehr einfach aufgelöst werden kann. Das zweite Beispiel behandelt den Unterschied zwischen dem Verhalten von Längen und Abständen bei einem Beschleunigungsvorgang und wird im dritten Kapitel im Zuge der Diskussion der Beschleunigungsannahme aufgegriffen werden.

Mit den Grafiken zum relativistischen Dopplereffekt und zur relativistischen Geschwindigkeitsaddition sind zwei weitere der im ersten Kapitel aufgelisteten Phänomene anschaulich erklärt.

2.5.1 Das Zwillingsparadoxon

Das Zwillingsparadoxon (oder Uhrenparadoxon) galt und gilt teilweise nach wie vor für viele als Widerlegung der Relativitätstheorie.

Man stelle sich vor, dass ein Zwillingspaar beschließt, die Relativitätstheorie und im Besonderen ihre Vorhersage der Zeitdilatation einer experimentellen Prüfung zu unterziehen. Während ein Zwilling auf der Erde „in Ruhe" verharrt, soll sich der andere Zwilling auf eine Reise ins Weltall begeben. Er soll an Bord eines Raumschiffes, das sich mit enorm hoher Geschwindigkeit bewegt, einen sehr weit entfernten Punkt im Weltall ansteuern, an diesem Punkt wenden und mit der gleichen Geschwindigkeit zur Erde zurückkehren. Die entscheidende Frage ist nun, ob einer der Zwillinge - und wenn, welcher - beim schlussendlichen Zusammentreffen der beiden auf der Erde jünger ist.

Die übliche Argumentation geht wie folgt: Der erste Zwilling ruht auf der Erde - von seinem Standpunkt ist sein Bruder während der gesamten Reise bewegt und sollte beim Zusammentreffen jünger sein. Allerdings kann dies wegen des Relativitätsprinzips auch der andere Zwilling behaupten – von ihm aus betrachtet ist der auf der Erde verbliebene Bruder in Bewegung und sollte am Ende jünger sein. Beides kann wohl nicht der Fall sein, deshalb kann die Relativitätstheorie nicht korrekt sein.

Eine leider auch unter theoretischen Physikern weit verbreitete Strategie, sich aus der Problematik heraus zu stehlen, besteht in dem Hinweis, dass es sich doch um eine beschleunigte Bewegung handelt und dass deshalb die Spezielle Relativitätstheorie gar nicht zuständig sei. Man kann aber sehr leicht eine Umformulierung des Paradoxons finden, die einerseits die Problematik vollständig erhält und andererseits im Rahmen der Speziellen Relativitätstheorie bleibt, da auf beschleunigte Bewegung verzichtet wird.

Für das neue Experiment werden drei gleiche Lichtuhren gebaut, die noch vor dem eigentlichen Experiment derart in Bewegung versetzt werden, dass folgendes Szenario möglich wird. An der ruhenden *Uhr 1* fliegt zum Ereignis *A Uhr 2* mit hoher Geschwindigkeit vorbei. Zu diesem Zeitpunkt werden beide Uhren in Gang gesetzt, beginnen also mit der Zählung von Tick-Ereignissen. Nach einiger Zeit trifft sich *Uhr 2* mit *Uhr 3*, welche mit der gleichen Geschwindigkeit wie *Uhr 2* in Richtung *Uhr 1* unterwegs ist. Zu diesem Begegnungs-Ereignis *B* wird der Zählerstand von *Uhr 2* auf *Uhr 3* übertragen, was bedeutet, dass von nun an *Uhr 3* ihre Ticks einfach zur Anzahl der Ticks addiert, die *Uhr 2* zwischen den Ereignissen *A* und *B* registriert hat. Letztendlich treffen einander *Uhr 1* und *Uhr 3* im Ereignis *C*, wo die Zählerstände verglichen werden. Die Frage lautet nun, wie sich die Zeitangaben der beiden Uhren zueinander verhalten.

In *Abbildung 26* ist das soeben umformulierte Zwillingsparadoxon von der Perspektive der ruhenden *Uhr 1* dargestellt.[23] Folgende Aussage ist durch Abzählen der Raum-Zeit-Kästchen der beteiligten Uhren direkt aus dem Diagramm ablesbar:

> *Die ruhende Uhr 1 zeigt mehr Zeit an als die Kombination von Uhr 2 und Uhr 3.*

Für das ursprüngliche Zwillingsparadoxon bedeutet dies, dass der auf der Erde verbliebene Zwilling älter ist als sein verreister Bruder. Stimmt diese Aussage noch, wenn die Perspektive gewechselt wird?

In *Abbildung 26* wird das Experiment von der Perspektive von *Uhr 2* betrachtet, d.h. *Uhr 2* wird als ruhend angenommen. Diese Darstellung erhält man durch eine Lorentz-Transformation der gesamten *Abbildung 25*.

Das Ergebnis bleibt natürlich dasselbe. Der Grund dafür besteht darin, dass für das Ergebnis des Experimentes die Anzahl der Raum-Zeit-Kästchen der jeweiligen Uhren zwischen den Ereignissen *A*, *B* und *C* entscheidend ist. Die Tatsache etwa, dass *Uhr 2* zwischen den Ereignissen *A* und *B* dreimal tickt, ist objektiv, d.h. unabhängig von der gewählten Perspektive.

Dieser Sachverhalt steht in keinerlei Widerspruch zu den bereits gezeigten Aussagen bezüglich der relativen Ganggeschwindigkeiten, wie sie die beteiligten Uhren aneinander messen können: Alle Uhren sehen die jeweils anderen Uhren als verlangsamt.

---

[23] Uhr 1 stellt für den Wechsel von Uhr 2 und Uhr 3 das Tangentialsystem dar.

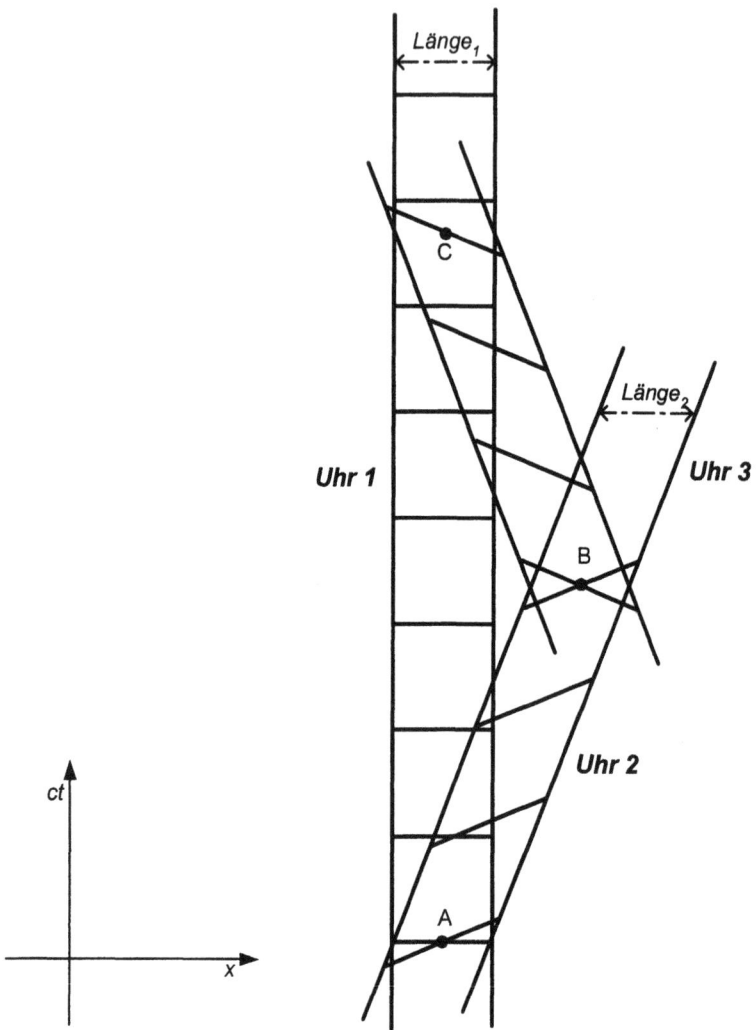

Abbildung 25. Das umformulierte Zwillingsparadoxon von der Perspektive der ruhenden Uhr.

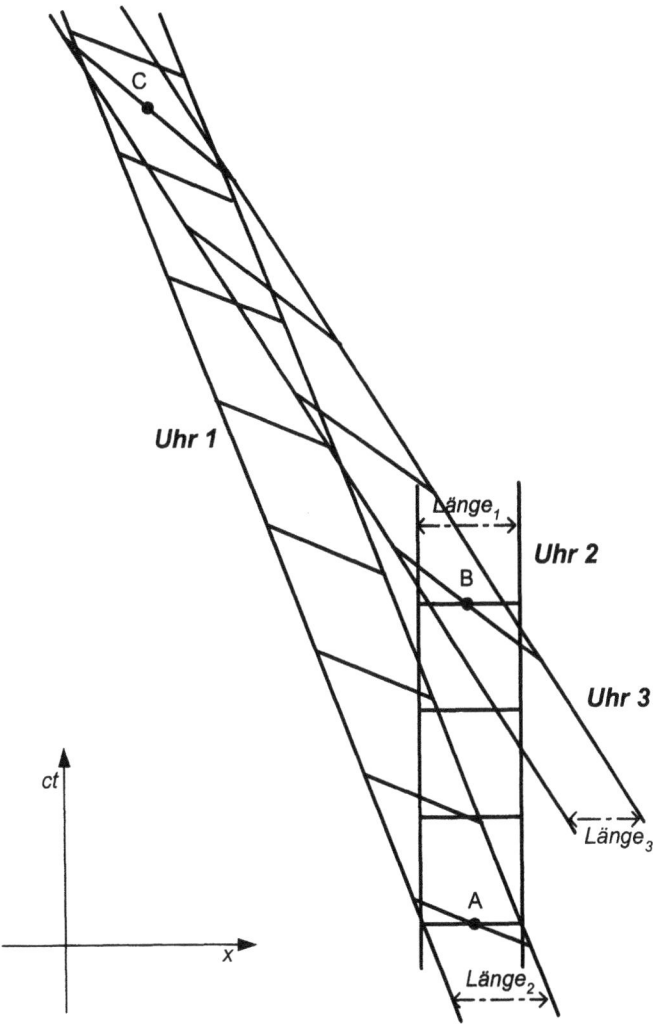

Abbildung 26. Das umformulierte Zwillingsparadoxon von der Perspektive von Uhr 3.

2.5.2 Beschleunigte Raketen

In der Relativitätstheorie besteht ein ganz wesentlicher Unterschied zwischen dem, was mit den Längen von Objekten durch einen Beschleunigungsvorgang passiert, und dem Verhalten bloßer Abstände zwischen Objekten. Zur Verdeutlichung dieses Unterschiedes soll folgendes Beispiel dienen.

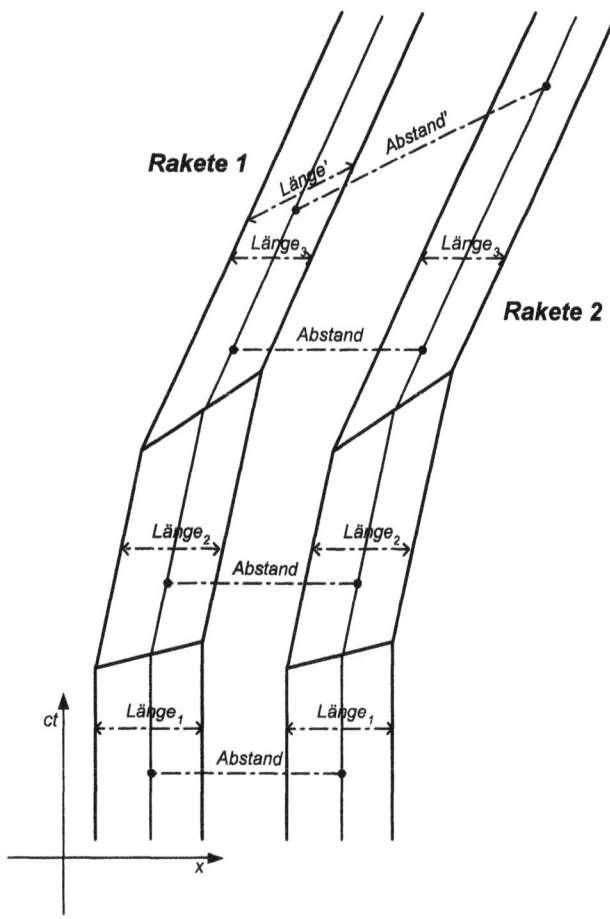

Abbildung 27. Unterschiedliches Verhalten von Längen und Abständen bei der Beschleunigung zweier Raketen.

Zwei zunächst ruhende Raketen, deren Mittelpunkte einen Abstand *Abstand* aufweisen, werden in zwei Schüben beschleunigt. Die Beschleunigungsschübe sind für beide Raketen gleich stark und finden jeweils gleichzeitig von der Perspektive des ursprünglichen Ruhsystems statt.

Abbildung 27 zeigt die beiden beschleunigten Raketen mit ihren sich ändernden Längen *Länge$_1$*, *Länge$_2$* und *Länge$_3$*. Der Abstand *Abstand* zwischen ihren Mittelpunkten bleibt unverändert, zumindest von der Perspektive des Ruhsystems. Wie durch Vergleich zwischen den Raum-Zeit-Abständen *Abstand'* und *Länge'* leicht festgestellt werden kann, wird jedoch der Abstand zwischen den Raketen von der Perspektive der Raketen selbst größer – für die Raketen entfernt sich also die jeweils andere Rakete durch die Beschleunigungsschübe.

2.5.3 Der relativistische Dopplereffekt

Der relativistische Dopplereffekt wurde im ersten Kapitel bereits kurz vorgestellt. Für die Veranschaulichung kann man folgende Überlegung anstellen.

Elektromagnetische Wellen bewegen sich mit Lichtgeschwindigkeit. Dadurch ist das Verhältnis der beiden Bestimmungsgrößen Frequenz und Wellenlänge festgelegt, wobei die Frequenz den zeitlichen Abstand zweier Wellenberge angibt und die Wellenlänge den räumlichen Abstand zweier Wellenberge. Für die anschauliche Darstellung werden die Wellenberge wie eigene Lichtsignale behandelt, die hintereinander ausgesandt werden. Um den Dopplereffekt zu verstehen, genügt es zu beschreiben, wie sich in Abhängigkeit von der Relativgeschwindigkeit zwischen Quelle und Empfänger der räumliche bzw. zeitliche Abstand zweier hintereinander ausgesandter Lichtsignale verändert.

Für die bewegte Lichtuhr in *Abbildung 28* haben die beiden Paare von Lichtstrahlen, die sie nach links und rechts aussendet, denselben zeitlichen (bzw. räumlichen) Abstand. Von der Perspektive des Diagramms zeigt sich jedoch ein beträchtlicher Unterschied. Die in Bewegungsrichtung der Lichtuhr ausgesandten Lichtstrahlen weisen einen verkürzten zeitlichen Abstand auf, während der zeitliche Abstand der in Gegenrichtung ausgesandten Signale verlängert ist. Gleiches gilt für die räumlichen Abstände, d.h. für die Wellenlängen.

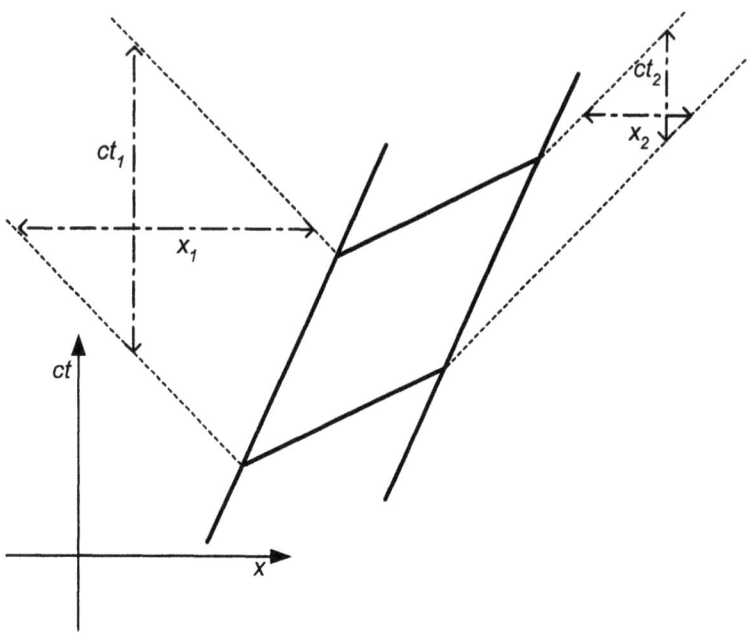

Abbildung 28. Veranschaulichung des Dopplereffektes: Die von einer bewegten Lichtuhr ausgesandten Lichtstrahlen haben je nach Richtung unterschiedliche räumliche und zeitliche Abstände.

2.5.4 Addition von Geschwindigkeiten

Wenn sich von der Perspektive eines mit halber Lichtgeschwindigkeit bewegten Beobachters ein Objekt mit ebenfalls halber Lichtgeschwindigkeit in dieselbe Richtung bewegt, so würde dieses Objekt gemäß der klassischen Physik eine Gesamtgeschwindigkeit von c aufweisen. Warum das in der Relativitätstheorie nicht so ist, zeigt *Abbildung 29*.

Das Objekt O bewegt sich mit halber Lichtgeschwindigkeit für das System S, was daran zu erkennen ist, dass es nach einem Tick der Lichtuhr von S die Mitte der Lichtuhr erreicht hat. Das System S selbst bewegt sich von der Perspektive des Diagramms mit halber Lichtgeschwindigkeit. Dass die Geschwindigkeit von O von der Perspektive des Diagramms deutlich unterhalb der Lichtgeschwindigkeit liegt, ist direkt im Diagramm abzulesen.

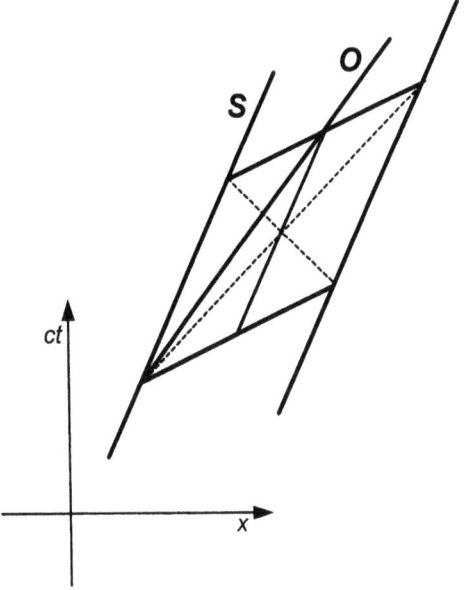

Abbildung 29. Relativistische Geschwindigkeitsaddition.

2.6 Die vernachlässigten Raumdimensionen

Nachdem alle Aussagen der Relativitätstheorie, die sich auf Raum- und Zeitmessungen beziehen, für eine Raumdimension veranschaulicht werden konnten, soll nun auf die vernachlässigten Raumdimensionen eingegangen werden.

Gleich vorweg, man muss auch hier nicht auf Anschaulichkeit verzichten. Das Konzept der eindimensionalen Lichtuhr kann nämlich sehr leicht verallgemeinert werden. Anstelle eines einzelnen Stabes kann man sich zunächst ein Quadrat vorstellen, das aus vier gleich langen Stäben zusammengesetzt ist, wobei jeder der beteiligten Stäbe eine Lichtuhr bildet. Wenn alle vier Lichtuhren synchronisiert sind, treffen an allen Eckpunkten jeweils gleichzeitig zwei Lichtstrahlen aus zwei Richtungen ein. Für diese zweidimensionale Lichtuhr entsteht im Raum-Zeit-Diagramm ein Würfel.

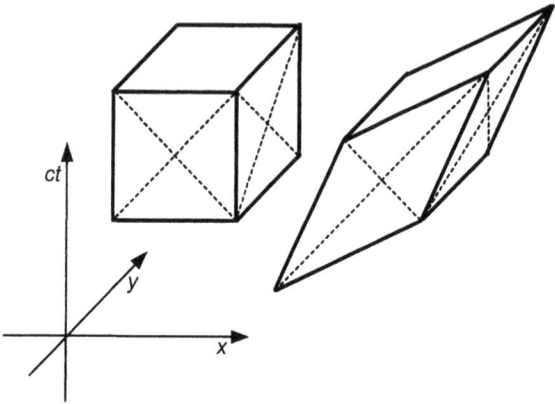

Abbildung 30. Ruhende und bewegte zweidimensionale Lichtuhr.

Abbildung 30 zeigt nicht nur eine ruhende, sondern auch eine in *x*-Richtung bewegte zweidimensionale Lichtuhr, die mit der ruhenden Lichtuhr geeicht ist. Wie mathematisch leicht gezeigt werden kann, müssen die in *y*-Richtung liegenden Stäbe der bewegten Lichtuhr die gleiche Länge aufweisen wie die ruhenden Stäbe, damit die Lichtuhr als ganzes synchronisiert bleibt.

Die Erhaltung der Länge in *y*-Richtung steht in keinerlei Widerspruch zur Eichungsvorschrift.[24] Es herrscht nämlich Einigkeit zwischen ruhender und bewegter Lichtuhr, welche Ereignisse entlang der *y*-Achse gleichzeitig sind, und demzufolge auch darüber, was eine Längenmessung in *y*-Richtung ist. Wie nicht anders zu erwarten, lässt auch die Annahme gleichzeitiger Beschleunigung die Länge der Lichtuhr in *y*-Richtung unangetastet.

Das Phänomen der Längenkontraktion existiert also nur in Bewegungsrichtung. Wie sieht es aber mit der Zeitdilatation aus? Muss zwischen einer *x*-Zeit und einer *y*-Zeit unterschieden werden? Wie aus *Abbildung 30* direkt ersichtlich, ist das keinesfalls so.[25]

Der räumlich dreidimensionale Fall entzieht sich zwar der Darstellung im Raum-Zeit-Diagramm, jedoch kommen keine neuen Phänomene hinzu. So wie die *y*-Richtung bleibt auch die *z*-Richtung von einer Bewegung in *x*-Richtung unberührt. Die dreidimensionale Lichtuhr kann man sich aber sehr wohl noch

---

[24] Siehe Kapitel 2.2.11.
[25] Siehe dazu die vollständigen Lorentz-Transformationen in Kapitel 4.1.9.

vorstellen, und zwar als räumlichen Würfel mit synchronisierten eindimensionalen Lichtuhren an den Kanten.

Da die y- und z-Ausdehnungen eines Objektes also keine Veränderung erfahren, wenn das Objekt in x-Richtung beschleunigt wird, lässt sich die Eigenschaft der Flächenerhaltung des Raum-Zeit-Kästchens verallgemeinern: Das gesamte vierdimensionale Raum-Zeit-Volumen bleibt bei einer Lorentz-Transformation erhalten.

3 Die Interpretationsproblematik

Während in der theoretischen Physik die Interpretation der Quantentheorie nach wie vor ein heiß diskutiertes Thema darstellt, spricht kaum jemand von einem Interpretationsproblem der Relativitätstheorie. Das hängt vermutlich damit zusammen, dass neben der etablierten Standard-Interpretation[26] lediglich eine Alternative existiert, die so genannte Lorentzianische Interpretation,[27] die zum einen von der wissenschaftlichen Öffentlichkeit und auch von theoretischen Physikern sehr wenig wahrgenommen wird, und zum anderen in keinem guten Ruf steht.[28]

Die im vorangegangenen Kapitel entwickelte Darstellung der Theorie verlangt jedoch geradezu, das Interpretationsproblem der Relativitätstheorie von Grund auf neu aufzurollen.

Für dieses Unterfangen muss zunächst darauf eingegangen werden, welche Fragestellungen überhaupt als Teil der Interpretationsproblematik anzusehen sind. Im Anschluss wird versucht, die Standard- und die Lorentzianische Interpretation in ihren Grundzügen und Unterschieden darzustellen. Die vorgeschlagene Euklidische Interpretation basiert auf dem anschaulichen Zugang und auf der kritischen Analyse der beiden bekannten Interpretationen.

3.1 Aspekte des Interpretationsproblems

Die Interpretation der Relativitätstheorie ist keine klar definierte Problemstellung. Unter der Interpretation einer Theorie kann man im weitesten Sinn das Herstellen von Zusammenhängen verstehen, sowohl innerhalb der betreffenden Wissenschaft als auch zu Fragestellungen in anderen Disziplinen. Bevor die an dieser Stelle als wesentlich erachteten Aspekte des Interpretationsproblems vorgestellt werden, soll jedoch eine Abgrenzung vorgenommen werden.

---

[26] Mit Standardinterpretation ist die Darstellung der Relativitätstheorie in der Standard-Literatur gemeint, z.B. (Sexl & Urbantke, 1976).
[27] Wichtige Namen im Zusammenhang mit der historischen Entwicklung der Lorentzianischen Interpretation sind: G. F. FitzGerald (Längenkontraktion, siehe (Bell, 1994)), J. Larmor (Zeitdilatation, siehe (Larmor, 1900)), H. A. Lorentz (1909), Poincarè (Relativitätsprinzip, (Poincarè, 1905)), H. E. Ives (glühender Gegner der Einsteinschen Sicht, (Ives, 1979)). Einen Eindruck über die nicht immer sehr qualitativ verlaufene historische Auseinandersetzung zwischen den beiden Interpretationen liefert Bell (1994); zur logischen Rekonstruktion der Lorentzianischen Sicht siehe auch (Ehrlichson, 1973). Viel Literatur zum aktuellen Stand der Lorentzianischen Interpretation findet sich in (Brandes, 1995) und (Selleri, 1998).
[28] In den allermeisten Lehrbüchern wird nicht einmal erwähnt, dass es diese abweichende Interpretation gibt.

Die Interpretationsproblematik wird oft als Teil einer Theorie angesehen, was an dieser Stelle bedeuten würde, dass zusammen mit der Euklidischen Interpretation von insgesamt drei unterschiedlichen Relativitätstheorien gesprochen werden müsste. Unter Theorie wird hier jedoch nur der Formalismus mit seiner operationalen Umsetzung und den daraus folgenden experimentellen Vorhersagen verstanden. Die drei Interpretationen der Relativitätstheorie beziehen sich also insoweit auf dieselbe Theorie, als sie in der Annahme der empirischen Gültigkeit der Lorentz-Transformationen übereinstimmen.

3.1.1 Pädagogische Darstellung

Die Art und Weise, wie eine Theorie pädagogisch vermittelt wird, wie sie also dem Laien präsentiert wird, ist ein ganz wesentlicher Aspekt der Interpretationsproblematik, der leider gerne übersehen wird. Bedenkt man, dass jeder spätere theoretische Physiker zunächst durch Lehrbücher und Einführungsvorlesungen mit einer Theorie in Kontakt tritt und dadurch für seine spätere Arbeit geprägt wird, kann man den Einfluss der pädagogischen Darstellung einer Theorie gar nicht überschätzen.

Betrachtet man also die pädagogische Darstellung einer Theorie als Teil der Interpretation, so kann jetzt schon auf einen Unterschied der Euklidischen Interpretation zu den bekannten Sichtweisen hingewiesen werden: In der Euklidischen Interpretation wird die Spezielle Relativitätstheorie anschaulich und ohne mathematische Formeln verstehbar.

3.1.2 Herleitung

Der empirische Wert einer Theorie impliziert nicht, dass die Annahmen, aus denen die Theorie hergeleitet wurde, die einzig möglichen sind. Es kann immer auch andere Wege geben, die zu derselben Theorie führen. Nicht nur die Lorentzianische Interpretation entwickelt die Theorie auf der Basis anderen Annahmen. Auch die Euklidische Interpretation geht von zumindest einer anderen Annahme als die Standard-Interpretation aus.

3.1.3 Zusammenhang mit anderen physikalischen Theorien

Neben pädagogischer Darstellung und Herleitung ist noch ein weiterer Punkt ganz wesentlich für die Interpretation einer Theorie - nämlich die Frage, inwieweit die verwendeten Konzepte die Integration mit anderen Theorien erlauben beziehungsweise ob sie das Potenzial für Erweiterungen der Theorie in sich tragen. Im Fall der Speziellen Relativitätstheorie geht es vor allem um die Zusammenschau mit der Quantentheorie und um die Erweiterung zur sammenschau mit der Quantentheorie und um die Erweiterung zur Allgemeinen Relativitätstheorie.

3.1.4 Philosophische Fragestellungen

Neben den großen Themen Raum und Zeit, zu denen die Relativitätstheorie einen gewichtigen Beitrag zu leisten hat, muss eine Interpretation wegen des Bezugs der Relativitätstheorie zur Mess- und Beobachterproblematik auch erkenntnistheoretische Fragen behandeln. Das soll nicht heißen, dass erst dann von einer Interpretation der Relativitätstheorie gesprochen werden kann, wenn umfassende philosophische Konzepte zu diesen Themen vorliegen. Sehr wohl ist aber ein Problembewusstsein zu verlangen, das sich letztlich darin zeigen sollte, dass die Interpretation eine Kommunikationsbasis zwischen Physiker und Philosoph bereitstellt.

3.2 Die Standard-Interpretation

Was hier als „Standard-Interpretation" bezeichnet wird, hat keinen allgemein akzeptierten Namen. Der Grund dafür liegt in der Tatsache, dass es in der Wahrnehmung der wissenschaftlichen Öffentlichkeit das Interpretationsproblem der Relativitätstheorie nicht wirklich gibt. Die Vertreter der Lorentzianischen Interpretation bezeichnen die Standard-Interpretation gerne als „geometrische Interpretation".[29] Der eigene Zugang wird im Gegensatz dazu „dynamische Interpretation" genannt. Da jedoch die Euklidische Interpretation, wenn auch auf recht unterschiedliche Weise, ebenfalls eine geometrische Sicht ist, wäre es an dieser Stelle nicht zweckmäßig, die letztgenannten Bezeichnungen zu verwenden.

Um die wesentlichen Elemente der Standard-Interpretation verständlich zu machen, muss zunächst der historische Entstehungshintergrund der Relativitätstheorie beleuchtet werden.

Ausgehend von der Wellennatur des Lichtes wurde lange Zeit von der Existenz eines Mediums für die Ausbreitung elektromagnetischer Strahlung ausgegangen. Gegen Ende des 19. Jahrhunderts wurden erstmals Versuche unternommen, dieses Medium, genannt „Äther", experimentell zu erfassen. Die Lichtgeschwindigkeit, die als konstant relativ zum Ruhsystem des Äthers angenommen wurde, müsste von Beobachtern, die sich mit verschiedenen Geschwindigkeiten relativ zum Äther bewegen, unterschiedlich gemessen werden. Der bekannteste Versuch, dies experimentell nachzuweisen, stammt von Michelson & Morley

---

[29] Siehe (Brandes, 1995).

(1881). Dabei wurde angenommen, dass die Geschwindigkeit der Erde relativ zum Äther aus den Variationen der auf der Erde gemessenen Lichtgeschwindigkeit berechnet werden kann, die durch die Erdrotation entstehen müssten. Das Scheitern dieses Experimentes, d.h. der gemessene Null-Effekt, läutete eine schwere Krise für die kursierenden Äther-Modelle ein.

In seinem berühmten Aufsatz „*Zur Elektrodynamik bewegter Körper*"[30] aus dem Jahr 1905 wendet sich Einstein mit seinem Relativitätsprinzip explizit gegen die Existenz eines Mediums für elektromagnetische Strahlung. Wenn nach dem Relativitätsprinzip die Konstanz der Lichtgeschwindigkeit für alle Bezugssysteme gelten soll, dann macht es keinen Sinn mehr, einen Lichtäther anzunehmen, der in einem Bezugssystem ruhen müsste und dieses somit auszeichnen würde.

Neben der Ablehnung der Äther-Hypothese stellt die geometrische Darstellung der Speziellen Relativitätstheorie, die auf den Mathematiker Hermann Minkowski zurückgeht, die zweite tragende Säule der Standard-Interpretation dar. Wie im vierten Kapitel gezeigt, bleibt das „Abstandsmaß" s^2, das wie folgt definiert ist, nach Anwendung einer Lorentz-Transformation konstant.

$$s^2 = x^2 - c^2 \cdot t^2 \qquad (3.1)$$

Zwei beliebige Ereignisse haben zwar für verschiedene Beobachter verschiedene räumliche und zeitliche Abstände, die Beobachter sind sich allerdings über den Wert von s^2 einig. Die Analogie zur gewohnten Euklidischen Geometrie ist folgende: Eine Strecke in einem zweidimensionalen Koordinatensystem hat eine Länge d, für die nach dem Lehrsatz von Pythagoras gilt:

$$d^2 = x^2 + y^2 \qquad (3.2)$$

Was mit dem Euklidischen Abstand passiert, wenn die Strecke oder das Koordinatenkreuz gedreht wird, ist bekannt: Es ändern sich zwar die Werte für die x- und die y-Ausdehnung, die Länge d bleibt jedoch dieselbe. Für die Standard-Interpretation der Relativitätstheorie ergibt sich aus dieser Analogie folgende Betrachtungsweise.

So wie es in der *Euklidischen Geometrie* des Raumes keinen Sinn macht, einer Strecke eine objektive x- beziehungsweise eine objektive y-Ausdehnung zuzuordnen, macht es in der *Minkowski-Geometrie* der Raum-Zeit keinen Sinn, von objektiven Raum- und Zeitabständen zwischen Ereignissen zu sprechen. Was unmittelbare Existenz besitzt, ist lediglich die *Kombination* von Raum- und

---

[30] (Einstein, 1905)

Zeitabständen, wie sie in (3.1) ausgedrückt wird. Die damit verbundene Verschmelzung von Raum und Zeit zu einer geometrischen Einheit (zum „Raum-Zeit-Kontinuum") spielt nicht nur eine zentrale Rolle für die Interpretation der Speziellen Relativitätstheorie, sie bildet auch die Basis für Einsteins Erweiterung der Speziellen zur Allgemeinen Relativitätstheorie.[31]

Die philosophischen Konsequenzen der Relativierung der Gleichzeitigkeit sind weitere wesentliche Aspekte der Standard-Interpretation. Wenn gemäß dem Relativitätsprinzip kein physikalischer Unterschied zwischen unterschiedlichen Beobachtern besteht, so ist es nach Einstein für den Theoretiker unerträglich, dem einen vor dem anderen den Vorzug zu geben. Nun stimmen aber die Beobachter nicht überein, welche Ereignisse gleichzeitig sind und welche nicht. In Zusammenschau mit dem vorher Gesagten bedeutet dies, dass die Vorstellung einer absoluten Weltzeit, die für alle Beobachter gleich vergeht, zurückzuweisen ist. Das Vergehen der Zeit wird somit zur „reinen Illusion." Im so genannten „Block-Universum" der 4-dimensionalen Raum-Zeit vergeht keine Zeit und es passiert daher auch nichts; das Block-Universum existiert in seiner raumzeitlichen Ganzheit.

3.3 Die Lorentzianische Interpretation

Die hier unter der Bezeichnung Lorentzianische Interpretation zusammengefassten Zugänge gehen auf H. A. Lorentz zurück, einen Zeitgenossen Einsteins, der die später nach ihm benannten Lorentz-Transformationen als erster formuliert hat.[32] Abgesehen von einigen Vertretern dieser Richtung, die sehr wohl die Existenz physikalischer Effekte ins Auge fassen, die dem Relativitätsprinzip widersprechen, lässt sich die Lorentzianische Interpretation wie folgt charakterisieren.

Das Relativitätsprinzip wird als rein epistemisches Prinzip akzeptiert, d.h. es gilt zwar für die *Messungen* von physikalischen Größen, jedoch wird zwischen den tatsächlichen Größen und nur so erscheinenden Größen unterschieden. Das ist vor dem Hintergrund der Annahme zu verstehen, dass ein absolut ruhendes Inertialsystem existiert, das dem Ruhsystem des angenommenen Äthers entspricht. Von seiner Perspektive können die wahren Längen von Objekten und die wahren Zeitintervalle festgestellt werden. Bewegte Objekte und auch Messinstrumente sind, absolut gesehen, kontrahiert und ihre Uhren gehen langsamer. Wenn nun bewegte Beobachter Messungen an absolut ruhenden Objekten vornehmen, erscheinen diese Objekte ebenfalls als verkürzt beziehungsweise die Zeitintervalle als gedehnt. Neben den absoluten Veränderungen an den bewegten Mess-

---

[31] Im Unterschied zur „flachen" Raum-Zeit der Speziellen Relativitätstheorie wird in der allgemeinen Relativitätstheorie von einer "gekrümmten" Raum-Zeit gesprochen.
[32] ...wenn auch noch nicht in der exakt gleichen Form.

instrumenten sind dafür auch Einsteins Definition der Gleichzeitigkeit und die Annahme der Konstanz der Lichtgeschwindigkeit verantwortlich. Die Lichtgeschwindigkeit ist tatsächlich konstant nur bezüglich des absoluten Ruhsystems und nur scheinbar konstant für alle bewegten Beobachter.

Um es von der Perspektive der Standard-Interpretation zu formulieren, tut die Lorentzianische Interpretation also genau das, was Einstein als unerträglich abqualifiziert hat, nämlich ein System auszuzeichnen, das sich durch keinen physikalischen Sachverhalt von anderen Systemen unterscheidet.

Ein weiterer Verstoß gegen die wissenschaftliche Denkökonomie, welcher der Lorentzianischen Sicht vorgehalten werden kann, betrifft die Herleitung der Theorie. Während die Standard-Herleitung im Wesentlichen die Annahme der Konstanz der Lichtgeschwindigkeit für ein Inertialsystem und das Relativitätsprinzip voraussetzt, verwendet die Lorentzianische Herleitung neben der Konstanz der Lichtgeschwindigkeit für das absolut ruhende System zwei weitere Annahmen anstelle des Relativitätsprinzips, und zwar die tatsächliche Kontraktion von Längen bewegter Objekte und die tatsächliche Verlangsamung der Ganggeschwindigkeit bewegter Uhren.

Zu guter Letzt kann die Lorentzianische Interpretation für das Fehlen einer schlüssigen Alternative zur Allgemeinen Relativitätstheorie im Einklang mit der Äther-Hypothese kritisiert werden.[33]

Angesichts dieser Argumente wundert es nicht, dass die Lorenzianische Interpretation, wenn überhaupt wahrgenommen, als minderwertig eingestuft wird. Das sollte allerdings nicht dazu führen, die Motive zu ignorieren, welche die Lorentzianische Interpretation nach wie vor attraktiv machen. Es handelt sich dabei durchwegs um Konsequenzen aus der Standard-Interpretation, die für die Vertreter der Lorentzianischen Interpretation genauso unerträglich sind wie die physikalisch unbegründete Auszeichnung eines Inertialsystems für die Vertreter der Standard-Interpretation.

Der Hauptgrund für die Ablehnung des Relativitätsprinzips in seiner starken, ontologischen Fassung ist zweifellos die sich ergebende Relativierung der Gleichzeitigkeit. Wie bereits angedeutet, wird dadurch notwendigerweise das Vergehen der Zeit zur bloßen Illusion. Jeder Versuch, Vergangenheit, Gegenwart und Zukunft unterschiedliche Seinszustände zuzuordnen, verliert seine Basis. Für den Vertreter der Lorentzianischen Interpretation ist das inakzeptabel, für ihn ist die Welt die Summe dessen, was *jetzt* in den drei Raumdimensionen

---

[33] An Versuchen mangelt es nicht, jedoch lassen die vorgeschlagenen Modelle viele Fragen offen.

existiert, wobei sich diese Welt von einem Zeitpunkt zum anderen ändert. Als möglicher Verbündeter in diesem Punkt wird gerne die Quantentheorie angerufen, die mit zwei Phänomenen aufzuwarten hat: Zum einen scheint sie im Moment des so genannten Kollapses der Wellenfunktion durch eine Messung einen Unterschied zwischen unbestimmter Zukunft und bestimmter Gegenwart und in Folge Vergangenheit zu machen, zum anderen spricht sie von nichtlokalen Effekten, die gleichzeitig an unterschiedlichen Orten wirken. Ein nichtlokaler Effekt kann nur für ein Inertialsystem gleichzeitig sein, was mit der angenommenen Relativität der Gleichzeitigkeit nicht zusammenzupassen scheint.[34]

Diese Argumente unterstreichen, dass das Interpretationsproblem mehr umfasst als die bloße Fragestellung, wie eine Theorie möglichst kompakt und ökonomisch formuliert werden kann. In einer weiteren Teilproblematik beruft sich die Lorentzianische Interpretation nicht nur auf die Quantentheorie, sondern auch auf die Allgemeine Relativitätstheorie und sogar auf den späten Einstein. Auch wenn die alten Konzepte des Äthers nicht aufrechterhalten werden konnten und auch wenn keine geeigneten neuen in Reichweite scheinen, so gibt es doch gute Gründe anzunehmen, dass das so genannte Vakuum ganz und gar nicht leer ist.[35] Auch die Allgemeine Relativitätstheorie, die das Phänomen der Gravitation durch die Krümmung der Raum-Zeit erklärt, kann schwerlich behaupten, dass da ein Nichts gekrümmt ist. Einstein hat das erkannt und sich in seinen späten Jahren zunehmend zurückhaltender zur Äther-Hypothese geäußert.[36]

Ideologisch muss den Vertretern der Lorentzianischen Interpretation sicherlich ein sehr traditionelles Weltbild unterstellt werden, das sich einer objektivistischen Vorstellung von Wahrheit verpflichtet fühlt und schon deshalb jegliche Relativierung ablehnt. Obwohl die Auseinandersetzung mit den genannten und weiteren philosophischen Fragestellungen (Determinismus, freier Wille) unter dieser Einschränkung leidet, muss der Lorentzianischen Interpretation zugute gehalten werden, dass sie diese Fragestellungen als wesentlichen Teil der Interpretationsproblematik erkennt, was von den Vertretern der Standard-Interpretation nicht immer behauptet werden kann.

Als vorläufiger Abschluss der Darstellung der beiden konkurrierenden Interpretation sei noch eine vielleicht gewagte Vermutung geäußert: Angesichts der philosophischen Konsequenzen der Standard-Interpretation müsste die überwiegende Mehrheit der Philosophen und Wissenschafter, die sich mit den Themen

---

[34] Tatsächlich hat Popper (1982) auf die quantenmechanische Gleichzeitigkeit als möglichen Test zwischen den Interpretationen der Relativitätstheorie hingewiesen.
[35] In der Quantentheorie hat das Vakuum sehr wohl physikalische Eigenschaften (z.B. spontane Erzeugung von virtuellen Teilchen durch Quantenfluktuationen).
[36] (Einstein, 1986)

Raum und Zeit beschäftigen, viel eher der Lorentzianischen als der Standard-Interpretation anhängen, um nicht in Widerspruch zu ihrem anderwärtig erworbenen Weltbild zu geraten.[37]

3.4 Die Euklidische Interpretation

Die Euklidische Interpretation unterscheidet sich in allen aufgeworfenen Aspekten der Interpretationsfrage grundsätzlich von den beiden bekannten Interpretationen und stellt alles andere als einen Kompromiss zwischen ihnen dar. Sie besteht aus einer eigenständigen anschaulich-pädagogischen Darstellung, aus einer eigenständigen Herleitung der Theorie, aus einer sich daraus ergebenden Perspektive, an die Quantentheorie und die Allgemeine Relativitätstheorie anzuknüpfen, und aus einem eigenständigen philosophischen Zugang zur Raum-Zeit-Problematik.

Für einen überwiegenden Teil der Argumente für die Euklidische Interpretation wurde im zweiten Kapitel die Basis gelegt. Das ausführlich behandelte Problem der Eichung von Maßstäben stellt dabei den Schlüssel zu den wesentlichen Fragen dar.

3.4.1 Die Gleichheit relativ bewegter Objekte

Bei der anschaulichen Entwicklung der Relativitätstheorie wurde Bedacht genommen, das Eichungsproblem säuberlich von der Konstruktion von Koordinatensystemen zu trennen. Das hatte nicht nur den Sinn, die Rolle der einzelnen Annahmen herauszuarbeiten, es wurde dadurch auch die philosophische Analyse und Kritik der Standard-Interpretation vorbereitet.

Im Unterschied zur Lorentzianischen Interpretation scheint die Standard-Interpretation frei von ontologischen Annahmen zu sein, was in diesem Zusammenhang nichts anderes heißt, als dass alle physikalischen Aussagen ihre Bedeutung durch die Angabe des Verfahrens erhalten, durch das sie zustande kommen. So hat Einstein etwa die Gleichzeitigkeit von Ereignissen und die Länge von Objekten eindeutig operational festgelegt.[38] Dieser erste Eindruck täuscht allerdings. Es gibt nämlich eine versteckte Annahme in Einsteins Entwicklung der Theorie, die nicht operationalisiert, sondern eine freie ontologische Festlegung ist. Diese Annahme betrifft die Frage, inwieweit zwei Maßstäbe oder

---

[37] Vor allem im Zusammenhang mit der Theorie nichtlinearer dynamischer Systeme ist es wieder sehr modern geworden, das Phänomen der Zeit im Widerspruch zur „Verräumlichung" durch die Relativitätstheorie als etwas „Dynamisches" zu sehen, siehe dazu (Sandbothe, 1998).

[38] (Einstein, 1905)

Objekte, die sich in relativer Bewegung befinden, als gleich angesehen werden können. Da diese Frage ganz wesentlich für die Interpretation der Relativitätstheorie ist, soll sie im Folgenden näher beleuchtet werden.

In Einsteins Szenario[39] zur Entwicklung der Längenkontraktion ruhen ein Maßstab und ein Objekt zunächst im selben Inertialsystem. Mithilfe des Maßstabes wird die Länge des Objektes zum Wert l gemessen. Hierauf werden Maßstab und Objekt beschleunigt, bis sie eine konstante Bewegung bezüglich des ursprünglichen Ruhsystems aufweisen. Gemäß dem Relativitätsprinzip, so Einstein, muss eine neuerliche Messung des nun bewegten Objektes mithilfe des ebenfalls bewegten Maßstabes dieselbe Länge l ergeben: Die Länge eines Objektes hängt nach dem Relativitätsprinzip nur von der Relativgeschwindigkeit von Objekt und Maßstab ab, die in beiden Fällen Null ist, und nicht von irgendeiner Absolut-Geschwindigkeit.

Die Anwendung des Relativitätsprinzips auf die beiden Messoperationen setzt freilich voraus, dass es sich in beiden Situationen um dasselbe Objekt und denselben Maßstab handelt. Da die Beschleunigung der beiden Objekte zweifelsfrei ein physikalischer Prozess ist, von dem nicht auszuschließen ist, dass er Auswirkungen auf die Objekte hat, kann die Gleichheit der Objekte vor und nach der Beschleunigung jedoch keinesfalls als selbstverständlich angenommen werden. Es könnte ja durchaus der Fall sein, dass Maßstab und gemessenes Objekt durch den Beschleunigungsvorgang eine äquivalente Veränderung erfahren, die den nachfolgenden Messvorgang wiederum zum selben Resultat führen. In gewissem Sinn sagt das die Relativitätstheorie durch das Phänomen der Längenkontraktion ja auch aus. Nur behandelt sie dieses Phänomen nicht als das Produkt einer physikalischen Veränderung, sondern als rein perspektivischen Effekt: Die beschleunigten Objekte sind nach wie vor gleich, jedoch hat das ursprüngliche Ruhsystem einen anderen Blickwinkel auf sie. Für die Standard-Interpretation bleiben die beschleunigten Objekte demzufolge in einem *ontologischen* Sinn gleich. Das wird besonders deutlich in der Darstellung eines Objektes in der Minkowski-Geometrie, die einem Objekt vor und nach einer Beschleunigung dieselben metrischen Eigenschaften[40] zuordnet.

Es ist kein Zufall, dass das Wort „Beschleunigung" im Zusammenhang mit der Längenkontraktion in Einsteins Artikel von 1905 nicht vorkommt. Denn etwas zu beschleunigen heißt, dieses Etwas zu verändern, und wenn es verändert ist, kann es nicht ohne weiteres als dasselbe behandelt werden, was die Standard-Interpretation jedoch zweifellos tut.

---

[39] (Einstein, 1905)
[40] Gemeint ist: als eine Menge von Raum-Zeit-Abständen s^2 gemäß (3.1).

Diese philosophische Analyse gleicht der von der Lorentzianischen Interpretation vorgebrachten Kritik nur scheinbar. Während, wie im Folgenden weiter vertieft, die Euklidische Interpretation den Grund für die relativistischen Effekte im Wesen des Beschleunigungsvorganges physikalischer Objekte sucht, erklärt die Lorentzianische Interpretation die relativistischen Effekte aus der Bewegung physikalischer Objekte relativ zum ausgezeichneten Ruhsystem des Äthers. Das ist ein prinzipieller Unterschied.

Wenn ein Objekt beschleunigt wird, so ändert sich seine Länge für jedes Inertialsystem, egal, welche Relativgeschwindigkeit es zu dem Vorgang einnimmt.[41] In genau diesem Sinn ist die Tatsache der Veränderung auch objektiv. Wie sieht der Beschleunigungsvorgang jedoch für das beschleunigte Objekt selbst aus? Kann Einsteins impliziter Annahme, dass ein Objekt durch eine Beschleunigung dasselbe Objekt bleibt, vielleicht durch die Forderung Sinn gegeben werden, dass ein Beschleunigungsvorgang ein physikalisches Objekt *von seiner eigenen Perspektive* unverändert lässt? Das hieße freilich, dass man sich mit beschleunigten Bezugssystemen auseinander setzen müsste, was den Rahmen der Speziellen Relativitätstheorie insoweit sprengen würde, als sie nur von Inertialsystemen handelt.

Die Euklidische Interpretation sieht jedoch keine Alternative zu diesem Weg und leitet die Theorie aus genau dieser Annahme zur Beschleunigung her. Es ist dafür jedoch nicht notwendig, ein vollständiges Konzept für beschleunigte Bezugssysteme zu entwickeln, wenn man die Sichtweise eines sich beschleunigenden Beobachters zu jedem Zeitpunkt mit der Sichtweise des in Kapitel 2 eingeführten Tangentialsystems gleichsetzt. Das Tangentialsystem, um es nochmals zu wiederholen, ist dasjenige Inertialsystem, von dessen Perspektive die Geschwindigkeit vor und nach einer Beschleunigung gleich groß, jedoch entgegengesetzt ist. Es wird im Anhang gezeigt, dass die Formeln der Relativitätstheorie genau dann gelten, wenn die Beschleunigung der Teile des Objektes gleichzeitig von der Perspektive des Tangentialsystems stattfindet. Ersetzt man „die Perspektive des Tangentialsystems" durch „die Perspektive des beschleunigten Systems", so ist man bei dem vorgeschlagenen Postulat angelangt, das hinter Einsteins impliziter Annahme der Gleichheit von Objekten vor und nach einem Beschleunigungsvorgang zu stecken scheint. Ein Objekt bleibt während einer Beschleunigung von seiner eigenen Perspektive dasselbe Objekt, da die Änderungen gleichzeitig für das Objekt stattfinden und sich dadurch die gemessenen Beziehungen zwischen den Teilen und in der Folge seine subjektive Länge nicht ändern.

---

[41] Mit Ausnahme des Tangentialsystems.

Neben der ganz und gar nicht trivialen Annahme der gleichzeitigen Beschleunigung, die in Kapitel 3.4.3 diskutiert wird, soll für die Vertiefung der Euklidischen Interpretation festgehalten werden, dass mit der getroffenen Annahme die Perspektive des physikalischen Objektes einen hervorragenden Status erhält: Es ist die Gleichzeitigkeit des Objektes selbst, die für die Art der Beschleunigung maßgeblich ist, und nicht irgendeine andere Gleichzeitigkeit aus der unendlichen Menge möglicher Gleichzeitigkeiten. Erst dadurch, dass sich ein physikalischer Vorgang danach richtet, erhält Einsteins Definition der Gleichzeitigkeit überhaupt einen physikalischen Wert. Das traurige Schicksal einer rein konventionellen Herleitung wurde am Beispiel der Schall-basierten Relativitätstheorie[42] ja gezeigt, wo sich die physikalischen Vorgänge eben nicht nach den getroffenen Konventionen richten.

Angesichts der eben durchgeführten Analyse stellt sich zwangsläufig die Frage, was die Relativitätstheorie nun eigentlich aussagt. Für die Standard-Interpretation ergibt sich ein eigenartiges Bild. Einerseits klammert sie das Phänomen der Beschleunigung aus, andererseits können ihre Aussagen, streng genommen, nur an Objekten empirisch getestet werden, die zunächst in einem System ruhen, hierauf beschleunigt werden, und anschließend in einem anderen System ruhen. Die Aussagen: „Bewegte Uhren gehen langsamer", und „Bewegte Objekte sind kürzer", haben keinen empirischen Wert. Sehr wohl getestet können jedoch folgende Aussagen werden: „Eine zunächst ruhende Uhr geht nach einer Beschleunigung langsamer", und „Ein zunächst ruhendes Objekt ist nach einer Beschleunigung kürzer".

Ob sie es will oder nicht, die Spezielle Relativitätstheorie sagt etwas darüber aus, was bei der Beschleunigung physikalischer Objekte passiert. Die Euklidische Interpretation macht diesen Sachverhalt explizit, indem sie die Theorie mithilfe einer Annahme zur Beschleunigung herleitet.

Als Abschluss dieser für die Euklidische Interpretation zentralen Argumentation noch ein Versuch der Zusammenfassung.

Die entscheidende Frage ist, in welchem Sinn ein Objekt nach einer Beschleunigung dasselbe Objekt ist. Beschleunigung ist ein physikalischer Prozess. Versteht man unter Physik die Beschreibung der Beziehungen zwischen gemessenen Größen, so ist das Objekt nach der Beschleunigung physikalisch verändert. Das besagt letztlich die Relativitätstheorie selbst etwa durch das Phänomen der Längenkontraktion. Die Tatsache, dass durch einen Beschleunigungsvorgang physikalische Veränderungen am Objekt hervorgerufen werden, gilt für alle Inertialsysteme und ist in diesem Sinn objektiv. Die Gleichsetzung des Objektes

---

[42] Siehe Kapitel 2.4.1.

vor und nach der Beschleunigung, wie sie in der Standard-Interpretation passiert (und in der Minkowski-Geometrie ausgedrückt wird), kann also nur auf einer nicht-physikalischen Annahme beruhen. Es ist jedoch philosophisch unproblematisch, die Erhaltung der metrischen Eigenschaften von beschleunigten Objekten, wie sie die Minkowski-Geometrie beschreibt, wie folgt zu verstehen: Ein physikalischer Beschleunigungsvorgang verändert Messinstrumente und zu messende Objekte dergestalt, dass die Resultate von Raum- und Zeitmessungen vor und nach der Beschleunigung keinen Unterschied zeigen und dass alle Inertialsysteme dem Objekt vor und nach der Beschleunigung dasselbe Minkowski-Maß bescheinigen.

3.4.2 Ein möglicher Gegenstandpunkt in der Eichungsproblematik

Bevor die Eichungsproblematik, wie sie von der Euklidischen Interpretation gesehen wird, mit der Diskussion der Annahme gleichzeitiger Beschleunigung abgeschlossen wird, soll noch auf einen möglichen Gegenstandpunkt eingegangen werden, der gerne von theoretischen Physikern eingenommen wird, die mit der vorgeschlagenen Herangehensweise an die Spezielle Relativitätstheorie konfrontiert werden. Dieser Standpunkt leugnet die Existenz eines Eichungsproblems und wird etwa wie folgt argumentiert.

Jeder inertiale Beobachter kann seinen Meterstab beispielsweise an atomaren Prozessen eichen, die für jedes Inertialsystem, in welchem diese Prozesse ruhen, dieselbe Länge aufweisen – wozu also das ganze Gerede von beschleunigten Meterstäben?

Eine kurze philosophische Analyse ergibt, dass diese Art der Eichung auf zwei Annahmen beruht. Neben dem Relativitätsprinzip wird vorausgesetzt, dass „gleiche" Objekte in unterschiedlichen Bewegungszuständen existieren, wobei die Gleichheit der Objekte nur bedeuten kann, dass die *Beziehungen* zwischen an dem Objekt gemessenen Größen für alle Inertialsysteme dieselben sind (etwa die Beziehungen zwischen den Linien in einem Frequenzspektrum). Die Eichung erfolgt auf der Basis des Relativitätsprinzips, das besagt, dass die Länge eines Objektes von der Relativbewegung zwischen Beobachter (Maßstab) und Objekt abhängt, die in diesem Fall gleich Null ist.

Man könnte nun sehr einfach entgegnen, dass die Annahme der Existenz „gleicher" Objekte im Sinne der obigen Beschreibung zwar offensichtlich stimmt, dass sie aber weder von Einstein für seine Herleitung verwendet wurde, noch anderswo aufscheint. Diese Kritik ist aber zu billig und stellt keine ausreichende Rechtfertigung für die Beschäftigung mit der Beschleunigungsproblematik dar.

Die Tatsache allerdings, dass für die beschriebene Art der Eichung wiederum das Relativitätsprinzip herangezogen werden muss, erlaubt es, auf die im zweiten Kapitel besprochene (und in diesem Kapitel kritisierte) konventionelle Eichung zu verweisen, die vollständig auf dem Relativitätsprinzip beruht und ohne die Annahme der Existenz „gleicher" Objekte auskommt.

Das Eichungsproblem würde genau dann nicht existieren, wenn man ohne Verwendung des Relativitätsprinzips und ohne Heranziehung einer expliziten alternativen Annahme von tatsächlich gleichen Messinstrumenten sprechen könnte, mit deren Hilfe unzweifelhaft bestimmt werden kann, was Meter und Sekunden für den jeweils ruhenden Beobachter sind.

3.4.3 Die Annahme gleichzeitiger Beschleunigung

Die Annahme, dass alle Teile eines physikalischen Objektes gleichzeitig ihre Geschwindigkeit ändern, kommt der Annahme nichtlokaler Effekte gleich. So klein ein Objekt auch sein mag, zwischen seinen Teilen existieren räumliche Abstände. Im mechanistischen Weltbild der klassischen Physik werden physikalische Effekte zwischen zwei Orten durch einen Stoßvorgang beziehungsweise eine Folge von Stoßvorgängen übertragen, wobei eine klare zeitliche und kausale Ordnung zwischen Ursache und Wirkung vorliegt. Letztendlich besagt auch die Spezielle Relativitätstheorie selbst, dass kein Objekt und keine Signalwirkung schneller als Licht sein kann. Es scheint also die Annahme gleichzeitiger Beschleunigung von vornherein mit der Relativitätstheorie nicht verträglich zu sein und damit als mögliche Basis ihrer Herleitung prinzipiell auszuscheiden.

Dem entgegenzuhalten ist freilich das Phänomen der Nichtlokalität der Quantenmechanik, das, vorsichtig formuliert, synchrone physikalische Effekte an unterschiedlichen Orten beschreibt, die sich nicht auf eine lokalisierbare Ursache zurückführen lassen. Genau diese Art von Effekten lässt den Quantentheoretiker von der holistischen Natur der Materie im Widerspruch zum traditionellen mechanistischen Weltbild sprechen. Ein Quantensystem (re-)agiert als ein Ganzes und nicht als Ansammlung von Teilen, zwischen denen Signale ausgetauscht werden. Die Annahme der gleichzeitigen Beschleunigung entspricht genau diesem ganzheitlichen Bild und hat somit in der Physik des Mikrokosmos eine mögliche Basis. Von physikalischen Makro-Objekten, die sehr gut als Menge von isolierbaren Teilen modelliert werden können, ist die strenge Gültigkeit der gleichzeitigen Beschleunigung nicht zu erwarten, was allerdings nicht heißen soll, dass nach den Spannungen und Deformationen, die bei der Beschleunigung von Makro-Objekten auftreten, sich nicht sehr wohl ein Gleichgewichtszustand der Kräfte zwischen den Teilen des Objektes einstellen kann, der die Abstände zwischen den Teilen auf den relativistischen Wert bringt.

Zu diesem Thema ist in *Abbildung 27* am Beispiel der beschleunigten Raketen der Unterschied zwischen einer sich beschleunigenden Ganzheit und der Beschleunigung zweier isolierter Teile veranschaulicht. Jede Rakete für sich genommen verhält sich in der idealisierten Darstellung als ein Ganzes, d.h. die Beschleunigung ihrer „Teile" findet gleichzeitig von der Perspektive des Tangentialsystems statt. Die beiden Raketen beschleunigen allerdings unabhängig voneinander, was dazu führt, dass sich der Abstand der Raketen, wie er von jeder der Raketen gemessen wird, verändert.[43]

Da es bei der Annahme der gleichzeitigen Beschleunigung nicht um eine Signalübertragung von einem isolierbaren Objekt zum anderen geht, sondern um das ganzheitliche Verhalten *eines* Objektes, tritt auch kein Widerspruch zur Beschränkung der Geschwindigkeit von Objekten (und Signalen) auf die Lichtgeschwindigkeit auf.

Als Konsequenz ergibt sich daraus ein Ansatz, das nicht unproblematische Verhältnis von Relativitätstheorie und Quantentheorie neu zu überdenken. Gelingt es tatsächlich, die Annahme der gleichzeitigen Beschleunigung in der Quantentheorie zu fundieren, so wäre damit die Relativitätstheorie aus der Quantentheorie hergeleitet.

Es wäre umgekehrt damit aber auch ein Beitrag zum Verständnis der Quantentheorie geleistet, da eine wichtige Frage nach der Gleichzeitigkeit nichtlokaler Effekte gelöst wäre. Da es für jeden Beobachter in der Speziellen Relativitätstheorie eine eigene Gleichzeitigkeit gibt, ein Prozess aber nur einer dieser beliebigen Gleichzeitigkeiten folgen kann, wurde und wird vermutet, dass die quantenmechanische Gleichzeitigkeit ein bestimmtes Bezugssystem auszeichnet und dass damit das Relativitätsprinzip zu Fall gebracht würde. Das Bezugssystem freilich, das ausgezeichnet wird, ist das Ruhsystem des quantenmechanischen Objektes selbst und nicht irgendein absolut ruhendes Bezugssystem, wodurch das Relativitätsprinzip unangetastet bleibt.

3.4.4 Messprozesse und Beobachtersicht

In Kapitel 2 wurde der zentrale Gedanke des anschaulichen Zuganges, der das Verstehen von mehreren Beobachtersichtweisen in einem Raum-Zeit-Diagramm ermöglicht, mit den folgenden, an dieser Stelle nochmals angeführten Worten formuliert.

---

[43] Man könnte sich einen elastischen Puffer zwischen den Raketen vorstellen, der dafür Sorge trägt, dass sich nach einer Beschleunigung der Abstand zwischen den Raketen wiederum auf den alten Wert einpendelt (von der Perspektive der Raketen).

> Das einem Beobachter zugeordnete und durch einen Satz von Lichtuhren definierte Koordinatensystem beschreibt alles, was in Raum und Zeit vor sich geht, also auch Messprozesse, welche von anderen Beobachtern mit Hilfe von deren Lichtuhren durchgeführt werden. Da ein Koordinatensystem eine Konstruktion aus Messprozessen ist und da diese Messprozesse durch die dem jeweiligen Beobachter zugeordneten Lichtuhren genau definiert sind, kann jeder Beobachter erschließen, wie alle anderen Beobachter die Welt beschreiben.

Diese Argumentation scheint zwingend zu sein, und zwar unabhängig davon, welche wissenschaftstheoretische Position eingenommen wird. Ob man nun das Ergebnis einer physikalischen Messung für eine objektive Erfassung einer realer Eigenschaft der Welt hält oder für etwas prinzipiell Beobachter-Relatives mit bloß praktischer Relevanz im Rahmen einer Theorie mit eingeschränkter Gültigkeit, die Zusammenstellung einer Menge von Messergebnissen zu einem konsistenten Bild ist in beiden Fällen Konstruktionsleistung des Wissenschafters. Im ersten Fall würde man eher von der Rekonstruktion der Realität sprechen, im zweiten Fall bloß von der Konstruktion eines praktikablen Modells.

Die Anordnung der Resultate von Raum- und Zeitmessungen in einem Raum-Zeit-Diagramm mit rechtwinkeligen Achsen ist so eine Konstruktion, die dadurch ihren Wert erhält, dass sie logisch konsistent ist und sowohl mathematische als auch anschauliche Schlüsse über noch nicht gemessene Sachverhalte erlaubt, die sich durch Messungen bestätigen lassen. Eine zusätzliche Eigenschaft der Raum-Zeit-Diagramme ist die theoretische Vollständigkeit der Darstellung: Im Prinzip können alle physikalischen Sachverhalte, deren räumliche und zeitliche Eigenschaften messbar sind, mit ihrer Hilfe erfasst werden.

Aus der Tatsache, dass jede wissenschaftlich durchgeführte physikalische Messung ein wohl definierter Vorgang ist, folgt, dass auch Messprozesse – besonders interessieren dabei die Messprozesse anderer Beobachter - dargestellt werden können. Wenn aber Messprozesse dargestellt werden können und wenn die Darstellungsform die oben genannten Kriterien erfüllt, dann kann aus der Darstellung auch erschlossen werden, was die Ergebnisse der Messprozesse für den Beobachter, der sie durchführt, sein *müssen*. In letzter Konsequenz kann dann aus den so erschlossenen Messergebnissen die Perspektive des messenden Beobachters rekonstruiert werden, ebenso wie das Diagramm selbst aus Messergebnissen konstruiert wurde.

An diesem Vorgehen ist nichts, was über Physik und naturwissenschaftliche Logik hinausreicht. Die Gültigkeit der so erschlossenen Aussagen ist empirisch prüfbar, und im Falle, dass sie sich als falsch herausstellen sollten, wäre das ein Beweis dafür, dass das Modell, das hinter der Darstellungsform steht, nicht geeignet ist, seinen Definitionsbereich vollständig beziehungsweise konsistent abzubilden.

Die Darstellungsform des rechtwinkeligen Raum-Zeit-Diagramms ist seit langem bekannt und vielfach bewährt, und sie wird auch von den Vertretern der Standard-Interpretation gerne zur Veranschaulichung eingesetzt. Umso erstaunlicher ist, dass das Raum-Zeit-Diagramm bis jetzt nur verwendet wurde, Sachverhalte aus jeweils einer Perspektive darzustellen, und einfach zu einem neuen Diagramm gewechselt wird, wenn es um die Perspektive eines anderen Beobachters geht. Man verzichtet dabei auf genau die Art der Anschaulichkeit, die im zweiten Kapitel auf der Basis der obigen Überlegung entwickelt werden konnte.

Warum das so ist, darüber kann an dieser Stelle nur spekuliert werden. Mag sein, dass die Ehrfurcht vor dem Relativitätsprinzip und damit vor der Gleichberechtigung aller Beobachter so tief sitzt, dass die Darstellung eines Beobachters von der Perspektive eines anderen als nicht zulässig empfunden wird.

Vielleicht liegt der Grund für den Verzicht auf die Methode der Darstellung allerdings in der Konsequenz für die Herleitung und damit für die Interpretation der Relativitätstheorie. Wenn nämlich die Perspektiven aller Beobachter von der Perspektive eines einzigen Beobachters darstellbar sind, so kann die Theorie auch von der Perspektive eines einzigen Beobachters hergeleitet werden.[44] Das geht allerdings nur auf Kosten des Relativitätsprinzips in seiner starken, ontologischen Deutung und ist somit fast zwingend mit einer anderen Interpretation der Relativitätstheorie verknüpft.

Interessant ist auch die Frage, warum die Lorentzianische Interpretation nicht nur auf die konsequente Überlegung zur Konstruktion von Beobachter-Perspektiven verzichtet, sondern sich beinahe generell nicht mit Raum-Zeit-Diagrammen auseinandersetzt. Dabei würde man gerade von derjenigen Interpretation, die ein Inertialsystem vor allen anderen auszeichnet, erwarten, dass sie auch gerne grafisch zeigt, wie die tatsächlich bewegten Beobachter Messungen vornehmen und zu ihren scheinbar gleichwertigen Resultaten kommen. Hier ist zu vermuten, dass der generelle Unwille den Ausschlag gibt, Raum und Zeit, deren fundamental unterschiedliche Natur immer wieder betont wird, in einem Diagramm zu vereinen. Auch würde dann sehr schnell sichtbar werden, wie sinnvoll es ist, mit kombinierten Raum-Zeit-Abständen zu operieren. Jedenfalls, und das beweisen die Darstellungen im zweiten und vierten Kapitel, vergibt die Lorentzianische Interpretation durch den Verzicht auf Raum-Zeit-Diagramme eine Chance zu erkennen, dass für die Herleitung der Lorentz-Transformationen

---

[44] Tatsächlich wird die Theorie in diesem Buch von der Perspektive eines einzigen Beobachters hergeleitet.

zusätzlich zur Konstanz der Lichtgeschwindigkeit im absoluten Ruhsystem nur eine Annahme notwendig wäre, etwa die der Längenkontraktion, aus der sich das Phänomen der Zeitdilatation, das sie als Zusatzannahme zu benötigen glaubt, von selbst ergibt. Umgekehrt könnte man natürlich auch die Zeitdilatation zu Grunde legen und würde die Längenkontraktion als Resultat erhalten. Die Tatsache jedenfalls, dass ein räumliches und ein zeitliches Phänomen letztlich ein- und dieselbe Sache sind, verträgt sich mit den Intentionen der Lorentzianischen Interpretation ganz und gar nicht.

3.4.5 Konstruktion eines Außenstandpunktes

Sowohl die Standard-Interpretation als auch die Lorentzianische Interpretation machen ontologische Annahmen. In der Standard-Interpretation werden Objekte in unterschiedlichen Bewegungszuständen als an und für sich gleich behandelt, was physikalisch nicht überprüfbar ist. In der Lorentzianischen Interpretation wird ein Inertialsystem als das absolut ruhende gesetzt, was ebenso wenig eine empirisch testbare Aussage darstellt. Man könnte meinen, dass letztlich jede wissenschaftliche Theorie beziehungsweise Interpretation eine ontologische Annahme treffen muss und dass daher auch die Euklidische Interpretation in dieser Frage einen Offenbarungseid zu leisten hat. Das soll nun geschehen.

Um den Zugang der Euklidischen Interpretation zur Ontologie-Frage darlegen zu können, muss zunächst der zu Grunde liegende wissenschaftstheoretische Standpunkt geklärt werden. Wissenschaft kann zunächst als ein rein pragmatisches Unterfangen betrachtet werden. Was auch immer die wahre Bedeutung eines Messergebnisses, einer Modellvorstellung oder Theorie sein möge, es geht in erster Linie darum, Prognosen für zukünftige Messergebnisse zu legen. Die Theorie ist gut, wenn sie zutreffende Voraussagen tätigt und schlecht oder unvollständig, wenn sie das nicht oder nur in eingeschränktem Umfang tut. Wer Wissenschaft auf diese Funktion reduziert, ignoriert jedoch einen wesentlichen Aspekt menschlichen Erkenntnisstrebens, als dessen Spitze die Wissenschaft angesehen werden muss. Man möchte wissen, wie die Welt *wirklich* ist. Auch wenn viele philosophische Argumente dagegen sprechen, dass diese Art von Erkenntnis möglich ist, kann dieser zutiefst menschliche Anspruch an den Erkenntnisprozess auch in der wissenschaftlichen Praxis nicht verleugnet werden. Im Alltag wie in der Wissenschaft werden andauernd Erkenntnisse über „die Welt, wie sie ist" formuliert, als ob wir einen Standpunkt außerhalb dieser Welt einnehmen und auf die Dinge, wie sie tatsächlich sind, herabblicken könnten. Kurz gesagt, wir konstruieren fortwährend Außenstandpunkte aus den Beobachtungen und Messungen, die wir unausweichlich immer nur von innen, als integrierte Teile der Welt, vornehmen können.

Es ist ganz und gar nichts Verwerfliches dabei, auf diese Weise Außenstandpunkte zu konstruieren, solange man sich nur dieser Tatsache bewusst ist. Genau dieses Bewusstsein scheint aber – besonders in den Naturwissenschaften – sehr schwach ausgeprägt zu sein. Für viele Anwendungsgebiete mag die so begangene philosophische Ungenauigkeit nicht schwer wiegen, in der Interpretationsproblematik der Relativitätstheorie wirkt sie fatal. Wie bereits nachgewiesen wurde, leiden beide Interpretationen an hinterfragbaren ontologischen Annahmen, die nur auf eine mangelnde Beschäftigung mit der eben beschriebenen erkenntnistheoretischen Problematik zurückgeführt werden können. Das ist besonders deshalb unverständlich, weil in der Relativitätstheorie, gerade durch Einsteins Beitrag zur Operationalisierung von Raum und Zeit, der Konstruktionsvorgang eindeutig beschrieben ist.

Die Euklidische Interpretation der Relativitätstheorie bekennt sich dazu, einen Außenstandpunkt zu konstruieren, nämlich den der Raum-Zeit-Diagramme mit ihrer Euklidischen Geometrie. Dieser Außenstandpunkt erhebt den Anspruch, gut beziehungsweise besser als die von den anderen Interpretationen angebotenen zu sein, weil er es nicht nur erlaubt, die Theorie herzuleiten, sondern weil er der menschlichen Anschauung ein großes Stück entgegenkommt und die Theorie somit verständlich macht. Die Konstruktionsproblematik selbst wird ebenfalls behandelt. Der konstruierte Außenstandpunkt erklärt, wie er selbst und alle anderen konstruierten Außenstandpunkte zustande kommen.

Das Bewusstsein für den Konstruktionsprozess, wie es in der Euklidischen Interpretation enthalten ist, raubt der Ontologiefrage ihre Schärfe. Es ist nicht mehr wichtig, welcher der konstruierten Standpunkte nun der wahre ist, weil es weder physikalisch noch philosophisch Sinn macht, einen Standpunkt als den wahren auszuzeichnen. Es ist zwar durchaus so, dass in jedem Raum-Zeit-Diagramm die Raum- und Zeitachsen *eines* Beobachters (nämlich die des als ruhend angenommenen Beobachters) aufeinander normal stehen, während die Achsen der anderen Beobachter abweichende Winkel aufweisen, das zeichnet diesen Beobachter jedoch in keiner Weise vor den anderen aus.

3.4.6 Euklidische Geometrie versus Minkowski-Geometrie

Wenn die Standard-Interpretation von der Minkowski-Geometrie der Raum-Zeit spricht, ist damit gemeint, dass ein Raum-Zeit-Abstand für Beobachter in beliebigen Bewegungszuständen denselben metrischen Wert annimmt. Die Ausprägung der räumlichen und zeitlichen Komponenten hingegen hängt von der Relativbewegung des Beobachters ab und ist damit rein perspektivisch bedingt.

In der Euklidischen Geometrie der Raum-Zeit-Diagramme unterscheiden sich die von der Relativitätstheorie als gleich behandelten Raum-Zeit-Abstände jedoch nicht nur in der Ausprägung der räumlichen und zeitlichen Komponenten in Abhängigkeit von der Relativbewegung, sondern auch in der Euklidischen Metrik. Der Euklidische Raum-Zeit-Abstand ist daher *keine* Erhaltungsgröße unter Lorentz-Transformationen. Man könnte sich daher fragen, was dann die Bezeichnung „Euklidische Raum-Zeit" überhaupt rechtfertigt. Die Antwort liegt in der Tatsache, dass die Messungen aller Beobachter als Vergleiche Euklidischer Raum-Zeit-Abstände verstanden werden können.

Eine zusätzliche geometrische Eigenschaft, die in der Euklidischen Betrachtung hervortritt, ist die Erhaltung des Raum-Zeit-Volumens unter Lorentz-Transformationen.[45] Das, was die Standard-Interpretation als ein und dasselbe Objekt in unterschiedlichen relativen Bewegungszuständen behandelt, hat zwar je nach Betrachtung eine andere Form, das Volumen ist aber für alle Beobachter gleich. Mathematisch gesehen sind die Erhaltung des Raum-Zeit-Volumens und die Erhaltung des Minkowski-Abstandes auf denselben Sachverhalt zurückzuführen, nämlich auf die Lorentz-Transformationen. Für die Interpretation besteht allerdings sehr wohl ein Unterschied, ob man sich auf eine anschaulich vorstellbare Erhaltungsgröße in einer Euklidischen Geometrie konzentriert oder auf eine abstrakte Erhaltungsgröße in einer Nicht-Euklidischen Geometrie.

3.4.7 Allgemeine Relativitätstheorie

Ein wichtige Frage für die Interpretation der Relativitätstheorie, an der die Lorentzianische Interpretation nach wie vor scheitert, kann hier leider nur angerissen werden: Inwieweit bietet die Euklidische Interpretation eine Möglichkeit zur Behandlung der Allgemeinen Relativitätstheorie?

Ein nahe liegender Ansatzpunkt für die Verallgemeinerung der Speziellen Relativitätstheorie aus der Euklidischen Perspektive ist die Annahme der Erhaltung des Raum-Zeit-Volumens auch für Objekte, die dem Einfluss der Gravitation ausgesetzt sind. Diese Annahme wäre das Gegenstück zur Erhaltung des verallgemeinerten Abstandsmaßes der Metrik der gekrümmten Raum-Zeit, wie sie von der Allgemeinen Relativitätstheorie vorausgesetzt wird.[46] Gemeinsam mit der Annahme von gravitationsbedingten Unterschieden in der Lichtgeschwindigkeit ergibt sich daraus eine Möglichkeit, alle wichtigen experimentellen Vorhersagen der Allgemeinen Relativitätstheorie von einem konstruierten Euklidischen Außenstandpunkt zu erklären.[47]

---

[45] Siehe die Kapitel 2.3.2, 2.6 und 4.1.9.
[46] Siehe Kapitel 3.4.6.
[47] Ein entsprechender Ansatz ist in (Winkler, 2002) beschrieben.

3.4.8 Philosophische Perspektiven

Die Euklidische Interpretation ist tief von der Idee der Einheit von Raum und Zeit durchdrungen und steht in dieser Hinsicht der Standard-Interpretation viel näher als der Lorentzianischen Interpretation. Die Verwendung der anschaulichen Euklidischen Geometrie anstelle der abstrakten Minkowski-Geometrie erleichtert es jedoch, das Verhältnis von Raum und Zeit in Zusammenschau mit anderen Wissenschaften zu diskutieren.[48]

Darüber hinaus ermöglicht die Euklidische Interpretation einen neuen Zugang zum mehrfach angesprochenen Problem des Vergehens der Zeit. Wie bereits beschrieben, ist eines der Hauptargumente der Lorentzianischen Interpretation die vermeintliche Widersinnigkeit der Relativierung der Gleichzeitigkeit. Auch für die Euklidische Interpretation ist das Vergehen der Zeit zunächst „Illusion", die von der Euklidischen Interpretation getroffene Unterscheidung zwischen Innen- und Außenstandpunkten ermöglicht es jedoch, dieser Illusion zu Leibe zu rücken.[49]

Beide letztgenannten Fragestellungen sind hochkomplex und können hier nicht näher behandelt werden. Es soll aber darauf hingewiesen werden, dass die Euklidische Interpretation diese Themen sehr ernst nimmt und durch ihre Anschaulichkeit und ihr philosophisches Problembewusstsein eine Schnittstelle anbietet, die eine offenere und tiefer gehende Auseinandersetzung ermöglicht als die bekannten Interpretationen.

3.4.9 Existenz des Äthers

Als letzter Punkt in der Darstellung der Euklidischen Interpretation bleibt noch die Frage, ob die Annahme des von der Lorentzianischen Interpretation geforderten und von der Standard-Interpretation abgelehnten Äthers für die Euklidische Interpretation Sinn macht.

Die Antwort fällt aufgrund des bisher Gesagten nicht schwer. Sie lautet *nein*, wenn man den Äther als eine 3-dimensionale Substanz auffasst, durch die sich die physikalischen Objekte hindurchbewegen. Diese Vorstellung kann, und da

---

[48] Wie in (Winkler, 2004b) gezeigt, lässt sich die Untrennbarkeit von Raum und Zeit im Sinne eines Raumzeit-Holismus in absoluter Verträglichkeit mit der Euklidischen Interpretation der Relativitätstheorie für eine breite Palette von Wissensgebieten nachweisen. Besonders hervorgehoben sei an dieser Stelle die Theorie selbstorganisierender Systeme, deren Grundphänomene auf die Einheit von Raum und Zeit zurückgeführt werden können. Die Annahme der gleichzeitigen Beschleunigung kann auch als ein ganzheitliches Phänomen im Sinne der Theorie selbstorganisierender Systeme betrachtet werden (Winkler, 2004a).
[49] Siehe (Winkler, 2003).

muss der Standard-Interpretation recht gegeben werden, in letzter Konsequenz mit dem Relativitätsprinzip nicht verträglich sein. Die Antwort lautet jedoch *ja*, wenn man den Äther als etwas Vierdimensionales auffasst, als dessen „Krümmungen" die Objekte aufzufassen sind.[50]

---

[50] In dieser Frage stimmt die Euklidische Interpretation mit der allgemeinen Relativitätstheorie gut überein.

4 Mathematischer Anhang

Es wurde bisher ganz bewusst auf mathematische Formeln verzichtet. Dafür waren zwei Gründe ausschlaggebend: Zum einen sind in der Euklidischen Interpretation Formeln für das Verständnis nicht notwendig, und zum anderen lassen sich erfahrungsgemäß viele Leser durch mathematische Symbole sehr leicht abschrecken.

Daraus soll allerdings nicht geschlossen werden, dass die Herleitung der Relativitätstheorie vom Blickwinkel der Euklidischen Interpretation besonders kompliziert wäre oder dass irgendwelche versteckten Zusatzannahmen notwendig wären. Ganz im Gegenteil: Die folgende mathematische Entwicklung der Lorentz-Transformation besteht aus nichts anderem als der tatsächlichen Durchführung der Gedankenschritte aus Kapitel 2 in einer Euklidischen Raum-Zeit-Geometrie. Dem Problem der Eichung von Maßstäben, das auch für die Interpretation eine entscheidende Rolle spielt, wird dabei besonderes Augenmerk geschenkt.

Abschließend werden aus den Lorentz-Transformationen der relativistische Dopplereffekt und mit ein wenig zusätzlicher Physik auch die Masse-Energie-Relation hergeleitet.

4.1 Die Lorentz-Transformationen

Ausgehend von der Annahme zweier nicht-geeichter Beobachter, die gemäß dem ersten Eichungsschritt aus Kapitel 2.2.7 die Bezeichnungen *Meter* und *Sekunden* verwenden und die Lichtgeschwindigkeit gleich messen, wird in der Euklidischen Raum-Zeit-Geometrie zunächst eine Rohversion der Lorentz-Transformationen hergeleitet, die das Eichungsproblem noch offen hält. So wie in Kapitel 2.4 diskutiert, wird hierauf das Eichungsproblem auf zwei Arten gelöst. Das heißt, dass ein in der Rohversion unbestimmt gebliebener Term aus zwei unterschiedlichen Annahmen berechnet wird: zuerst mithilfe der konventionellen Eichung und dann mithilfe der vorgeschlagenen Annahme zur Beschleunigung.

4.1.1 Koordinaten-Transformation für nicht geeichte Beobachter

Abbildung 31 zeigt die räumlichen und zeitlichen Relationen bei der Koordinatenvergabe für ein Ereignis P von einem ruhenden (S) und einem mit Geschwindigkeit v bewegten Beobachter (S').

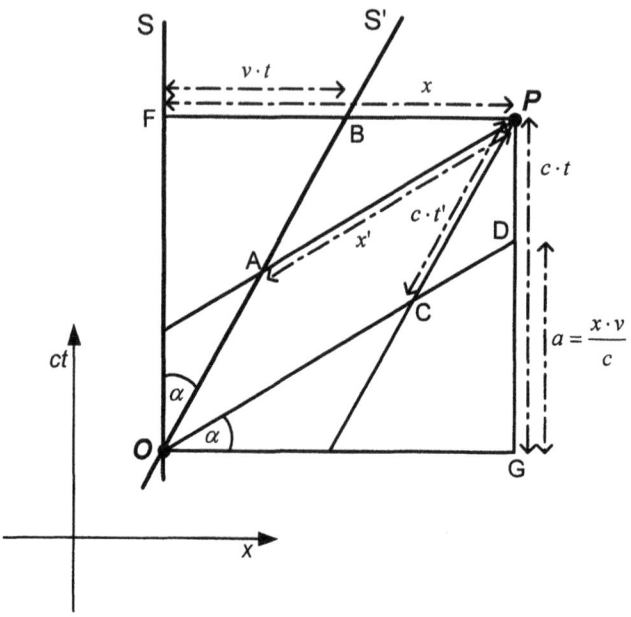

Abbildung 31. Zwei nicht-geeichte Beobachter S und S' messen den Abstand zwischen dem gemeinsamen Koordinaten-Ursprung O und dem Ereignis P.

Die beiden Beobachter haben ihre Maßstäbe nicht geeicht, jedoch herrscht Einigkeit über die Lichtgeschwindigkeit. Auch haben sich die beiden Beobachter über ein gemeinsames Ursprungsereignis O verständigt.

In der gewählten Darstellung, in welcher die Zeitachse des Diagramm-Systems mit c skaliert ist, weisen die Raum- und Zeitachsen aller Beobachter jeweils denselben Winkel auf (α für S'; der Winkel ist 0 für S). Es sei angemerkt, dass die Gültigkeit der für die Berechnungen herangezogenen Relationen unabhängig von den gewählten Winkeln und somit unabhängig von den Geschwindigkeiten der betrachteten Systeme ist.

Die Strecke a lässt sich aus der Ähnlichkeit der Dreiecke OGD und OFB berechnen.

$$\frac{a}{x} = \frac{v \cdot t}{c \cdot t}$$

$$a = \frac{x \cdot v}{c}$$

(4.1)

Aus der Ähnlichkeit der Dreiecke *ABP* und *CDP* folgt:

$$N = \frac{x'}{x - v \cdot t} = \frac{c \cdot t'}{c \cdot t - \frac{v \cdot x}{c}}$$

(4.2)

Der Term *N* wird für das Problem der Eichung von Maßstäben und Uhren die zentrale Rolle spielen. Als Konsequenz von (4.2) nehmen die Transformationen von Raum- und Zeitabständen die folgende provisorische Form an:

$$T(S => S')$$
$$\Delta x' = N \cdot (\Delta x - v \cdot \Delta t)$$
$$\Delta t' = N \cdot (\Delta t - \frac{v \cdot \Delta x}{c^2})$$

(4.3)

Was zu den vollständigen Lorentz-Transformationen fehlt, ist lediglich die Bestimmung des Terms *N*, die im Rahmen der mathematischen Diskussion des Eichungsproblems erfolgen wird.

Zunächst soll aber eine in Kapitel 2.2.8 angedeutete Eigenschaft nicht-geeichter Beobachter für die soeben hergeleitete Rohversion der Lorentz-Transformationen gezeigt werden.

4.1.2 Gleiche Relativgeschwindigkeit

Das Eichungsproblem muss nicht gelöst sein, damit zwei Beobachter, welche die Lichtgeschwindigkeit gleich messen, auch ihre Relativgeschwindigkeit gleich messen.

Die Weltlinie des ruhenden Beobachter *S* ist durch eine senkrecht stehende Gerade gegeben. Diese Gerade wird mithilfe der Rohversion der Lorentz-Transformationen in das System *S'* transformiert, das sich von der Warte von *S* mit der Geschwindigkeit *v* bewegt.

$$\Delta x = 0 \cdot \Delta t$$
$$\Delta x' = N \cdot (0 - v \cdot \Delta t)$$
$$\Delta t' = N \cdot (\Delta t - \frac{v \cdot 0}{c^2})$$
$$v' = \frac{\Delta x'}{\Delta t'} = -v$$

(4.4)

Die Geschwindigkeit v', mit der sich S von der Warte von S' bewegt, ist also gleich groß, jedoch trägt sie ein anderes Vorzeichen.

4.1.3 Additionstheorem für Geschwindigkeiten

Für die Herleitung des in Kapitel 2.5.4 veranschaulichten Additionstheorems für Geschwindigkeiten wird davon ausgegangen, dass sich ein System S mit der Geschwindigkeit v_2 vom Ruhsystem (in diesem Fall S') aus betrachtet bewegt. Von der Warte von S bewegt sich ein Objekt mit Geschwindigkeit v_1. Bei der Transformation in das System S' muss beachtet werden, dass sich S' für S mit der Geschwindigkeit $-v_2$ bewegt.

$$\Delta x = v_1 \cdot \Delta t$$
$$\Delta x' = N \cdot (\Delta x + v_2 \cdot \Delta t) = N \cdot (v_1 \cdot \Delta t + v_2 \cdot \Delta t)$$
$$\Delta t' = N \cdot (\Delta t + \frac{v_2 \cdot \Delta x}{c^2}) = N \cdot (\Delta t + \frac{v_1 \cdot v_2 \cdot \Delta t}{c^2})$$
$$v_1 \oplus v_2 = v = \frac{\Delta x'}{\Delta t'} = \frac{v_1 + v_2}{1 + \frac{v_1 \cdot v_2}{c^2}}$$

(4.5)

Der Ausdruck gibt an, mit welcher Geschwindigkeit sich das Objekt von der Warte von S' bewegt. Wie leicht nachgeprüft werden kann, ergibt die relativistische Addition von zwei Geschwindigkeiten, die kleiner oder gleich der Lichtgeschwindigkeit sind, niemals einen Wert größer als c. Ebenfalls klar ist, dass für Geschwindigkeiten, die im Verhältnis zu c sehr klein sind, die relativistische Summengeschwindigkeit kaum von der einfachen Summe der Geschwindigkeiten abweicht.

4.1.4 Inverse Transformation

Wenn die Koordinaten eines Ereignisses von einem System in ein anderes System transformiert werden, muss sinnvoller Weise gelten, dass die Rücktransformation in das ursprüngliche System wiederum dieselben Koordinaten ergibt. Dass die Geschwindigkeit, mit der das System S' das System S sieht, den gleichen Wert annimmt, jedoch ein anderes Vorzeichen besitzt wie die Geschwindigkeit, mit der das System S das System S' sieht, wurde bereits gezeigt. Aus folgender Berechnung ergibt sich das für später benötigte Verhältnis der Eichungsterme N und N'.

$$T(S => S')$$
$$\Delta x' = N \cdot (\Delta x - v \cdot \Delta t)$$
$$\Delta t' = N \cdot (\Delta t - \frac{v \cdot \Delta x}{c^2})$$
$$T'(S' => S)$$
$$\Delta x = N' \cdot (\Delta x' + v \cdot \Delta t')$$
$$\Delta t = N' \cdot (\Delta t' + \frac{v \cdot \Delta x'}{c^2})$$

(4.6)

Das führt direkt zu:

$$N \cdot N' = \frac{1}{1 - \frac{v^2}{c^2}}$$

(4.7)

Man könnte nun gemäß dem Relativitätsprinzip fordern, dass beide Terme gleich sein müssen, was sie letztendlich ja auch sind. Es werden hier allerdings zwei andere Wege der Herleitung angeboten: zunächst die rein konventionelle Methode nach der Eichvorschrift von Kapitel 2.2.7 und danach die „physikalische" Methode basierend auf der Annahme der gleichzeitigen Beschleunigung (Kapitel 2.4.3).

4.1.5 Herleitung der Lorentz-Transformationen aus der konventionellen Eichvorschrift

Die Anwendung der konventionellen Eichvorschrift erfolgt durch die Betrachtung der Längenmessung, die vom bewegten System S' am Meterstab des ruhenden Systems S durchgeführt wird, als das Resultat einer Lorentz-Transformation des Messintervalls von S nach S'.

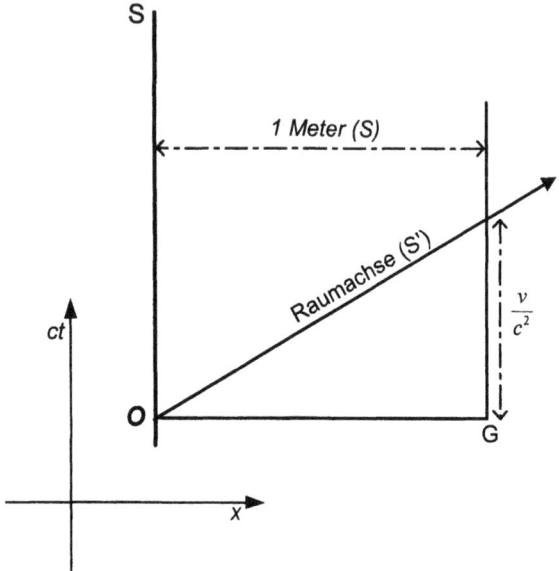

Abbildung 32. Messereignisse bei Bestimmung der Länge des Maßstabes von S durch S'.

Abbildung 32 zeigt die Messereignisse bei der Bestimmung der Länge des ruhenden Meterstabes von *S* durch den bewegten Beobachter *S'*. Die Zeitkoordinate des Messereignisses *A* ergibt sich aus der Forderung, dass das Zeitintervall zwischen dem Ursprung *O* und *A* für *S'* gleich Null sein muss (gemäß der Definition der Längenmessung), also:

$$t' = N \cdot (t - 1 \cdot \frac{v}{c^2}) = 0$$
$$t = \frac{v}{c^2}$$

(4.8)

Nachdem die Zeit-Koordinate von *A* gewonnen ist (die Raum-Koordinate ist *1 Meter*), kann die Länge des Maßstabes von *S* aus der Perspektive von *S'* durch eine Lorentz-Transformation der Raumkoordinate von *A* berechnet werden.

$$x' = N \cdot (1 - \frac{v^2}{c^2})$$

(4.9)

In Zusammenschau mit (4.7) ergibt sich folgende Beziehung zwischen dem Eichungsterm der Transformation $T(S=>S')$ und der Länge des Meterstabes von S, wie sie von S' gesehen wird.

$$länge'(meter(S)) = \frac{1}{N'} \qquad (4.10)$$

Aus einer analogen Überlegung folgt die Länge des Meterstabes von S', wie sie von S gesehen wird.

$$länge(meter(S')) = \frac{1}{N} \qquad (4.11)$$

Die Anwendung der konventionellen Eichungsvorschrift erfolgt nun durch die Gleichsetzung der letztgenannten Ausdrücke, was mithilfe von (4.7) den Wert für die Eichungsterme ergibt.

$$N = N' = \frac{1}{\sqrt{1-\frac{v^2}{c^2}}} \qquad (4.12)$$

Für das Phänomen der Längenkontraktion folgt daraus, dass ein im System S ruhendes Objekt der Länge l im System S' die Länge

$$l' = l \cdot \sqrt{1-\frac{v^2}{c^2}} \qquad (4.13)$$

aufweist. Für das Phänomen der Zeidilatation folgt, dass ein Zeitintervall der Länge t von einem bewegten System zu

$$t' = \frac{t}{\sqrt{1-\frac{v^2}{c^2}}} \qquad (4.14)$$

gemessen wird.

4.1.6 Herleitung des Eichungs-Terms aus der Annahme gleichzeitiger Beschleunigung

Die Annahme der gleichzeitigen Beschleunigung wurde in Kapitel 2.4.3 erläutert. Die *Abbildung 33* entspricht im Wesentlichen *Abbildung 24*, die eine idealisierte Reflexion vom Blickwinkel des „Vorher-Systems" zeigt, jedoch sind alle für die folgende Berechnung nötigen geometrischen Bestimmungsstücke eingezeichnet.

Zunächst können folgende Beziehungen aus dem Diagramm abgelesen werden.

$$\frac{v}{c} = \frac{l_1 - l_2}{h} \qquad (4.15)$$

$$\frac{v_T}{c} = \frac{h}{l_1} \qquad (4.16)$$

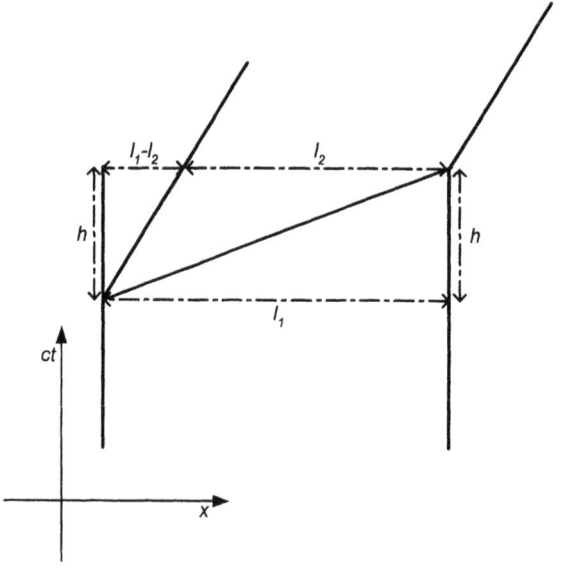

Abbildung 33. Idealisierte Reflexion vom Blickwinkel des „Vorher-Systems".

Die Tatsache, dass v_T die Geschwindigkeit des Tangential-Systems ist, lässt sich durch die Anwendung des bereits hergeleiteten Additionstheorems für Geschwindigkeiten ausdrücken.

$$v = v_T \oplus v_T = \frac{2 \cdot v_T}{1 + \frac{v_T^2}{c^2}} \qquad (4.17)$$

Aus diesen Gleichungen berechnet sich der Kontraktionsterm K und in weiterer Folge der Eichungsterm N' der inversen Lorentz-Transformationen.

$$K = \frac{l_2}{l_1} = \sqrt{1 - \frac{v^2}{c^2}} \qquad (4.18)$$

$$N' = \frac{1}{K} = \frac{1}{\sqrt{1 - \frac{v^2}{c^2}}} \qquad (4.19)$$

Gemäß (4.7) ist nun der Eichungsterm N bestimmt, womit das Eichungsproblem auch mithilfe der Annahme gleichzeitiger Beschleunigung gelöst ist.

$$N = \frac{1}{\sqrt{1 - \frac{v^2}{c^2}}} \qquad (4.20)$$

4.1.7 Raum-Zeit-Fläche

Um die Erhaltung der Fläche eines Raum-Zeit-Kästchens nach einer Lorentz-Transformation zu zeigen, betrachtet man am einfachsten ein Raum-Zeit-Kästchen, das seinen Mittelpunkt im Koordinatenursprung hat.

Es wird genügen, die Koordinaten von A und B einer Lorentz-Transformation zu unterziehen. Die Flächenberechnung erfolgt im Diagrammsystem mit der skalierten Zeitachse, da die Lichtstrahlen l_1 und l_2 einen rechten Winkel bilden und die Berechnung besonders einfach wird. Es muss dabei freilich jede Zeit-Koordinate mit c multipliziert werden.

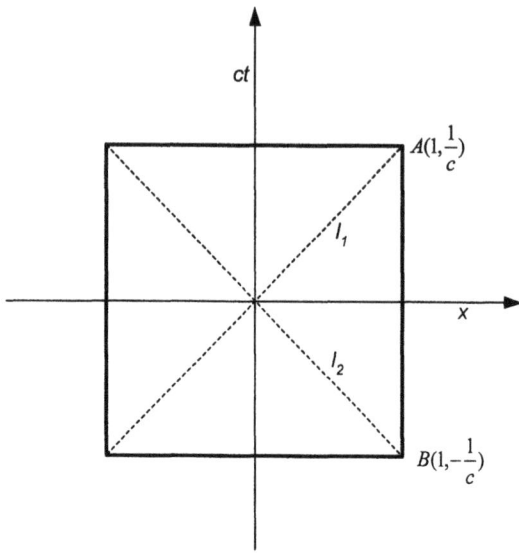

Abbildung 34. Raum-Zeit-Kästchen zur Berechnung der Flächengleichheit.

Aus den Koordinaten der Ereignisse A und B

$$A(1,\frac{1}{c})$$
$$B(1,-\frac{1}{c})$$
(4.21)

errechnen sich nach Multiplikation der t-Koordinaten mit c die Lichtstrecken l_1 und l_2.

$$l_1 = \sqrt{2}$$
$$l_2 = \sqrt{2}$$
(4.22)

Daraus ergibt sich die Fläche des Raum-Zeit-Kästchens von der Warte des Diagramms.

$$Fläche = 2 \cdot l_1 \cdot l_2 = 4$$
(4.23)

Die beiden Ereignisse A und B werden nun einer Lorentz-Transformation unterzogen.

$$A'(\frac{1-v}{\sqrt{1-v^2}}, \frac{1-v}{c\sqrt{1-v^2}})$$
$$B'(\frac{1+v}{\sqrt{1-v^2}}, \frac{-(1+v)}{c\sqrt{1-v^2}})$$

(4.24)

Daraus ergibt sich für die transformierten Lichtstrecken im Diagrammsystem

$$l_1' = \sqrt{2} \cdot \frac{1-v}{\sqrt{1-v^2}}$$
$$l_2' = \sqrt{2} \cdot \frac{1+v}{\sqrt{1-v^2}}.$$

(4.25)

Die Fläche für das transformierte Raum-Zeit-Kästchen im Diagrammsystem ist somit gleich der ursprünglichen Fläche.

$$Fläche' = 2 \cdot l_1' \cdot l_2' = 4.$$

(4.26)

Die Flächengleichheit ist natürlich unabhängig von der Skalierung der Zeitachse und gilt daher allgemein.

4.1.8 Die Minkowski-Geometrie

Wie in Kapitel 3.2 beschrieben, spielt für die Standard-Interpretation die Darstellung der Relativitätstheorie in der so genannten Minkowski-Geometrie eine wesentliche Rolle. Die Metrik der Minkowski-Geometrie ist durch das Linienelement s^2 bestimmt.

$$s^2 = x^2 - c^2 \cdot t^2$$

(4.27)

Für jedes Raum-Zeit-Intervall nimmt s^2 immer denselben Wert an, unabhängig davon, welcher Beobachter dieses Intervall betrachtet. Der Beweis für diese Aussage ist mithilfe der Lorentz-Transformationen leicht zu führen.

$$s'^2 = \frac{(x-v\cdot t)^2}{1-\frac{v^2}{c^2}} - \frac{c^2\cdot(t-\frac{v\cdot x}{c^2})^2}{1-\frac{v^2}{c^2}} = x^2 - c^2\cdot t^2 = s^2 \quad (4.28)$$

Durch einen mathematischen Kunstgriff kann man erreichen, dass das Linienelement „pseudo-euklidisch" wird und dass Lorentz-Transformationen als Rotationen darstellbar werden. Diese Darstellungsmöglichkeit hat allerdings nichts mit der Euklidischen Interpretation zu tun. Die pseudo-euklidische Geometrie entsteht durch Ersetzen des negativen Vorzeichens vor dem zeitlichen Teilterm durch das Quadrat der imaginären Einheit i.

$$i = \sqrt{-1}$$
$$s^2 = x^2 + (i\cdot c\cdot t)^2 \quad (4.29)$$

4.1.9 Die vollständigen Lorentz-Transformationen

Nachdem alle Herleitungen in nur einer Raumdimension durchgeführt wurden, soll noch kurz darauf eingegangen werden, wie die vollständigen Lorentz-Transformationen aussehen.

Man kann jeden Geschwindigkeitsvektor in traditioneller Weise in drei Komponenten zerlegen, sodass für das Verhältnis von Gesamt- und Teilbeträgen des Geschwindigkeitsvektors gilt:

$$v^2 = v_x^2 + v_y^2 + v_z^2 \quad (4.30)$$

Wie leicht zu zeigen ist, nehmen die vollständigen Lorentz-Transformationen unter Verwendung dieser Komponentenzerlegung die folgende Form an.

$$x' = \frac{x - v_x\cdot t}{\sqrt{1-\frac{v_x^2}{c^2}}} \quad y' = \frac{y - v_y\cdot t}{\sqrt{1-\frac{v_y^2}{c^2}}} \quad z' = \frac{z - v_z\cdot t}{\sqrt{1-\frac{v_z^2}{c^2}}}$$

$$t' = \frac{t - \frac{v\cdot\sqrt{x^2+y^2+z^2}}{c^2}}{\sqrt{1-\frac{v^2}{c^2}}} \quad (4.31)$$

Für das Phänomen der Längenkontraktion gilt somit, dass die Kontraktion in jeder Richtung von der Geschwindigkeitskomponente in dieser Richtung abhängt. Normal zur Bewegungsrichtung treten also keine Kontraktionseffekte auf. Die Zeitdilatation hingegen richtet sich nach der Gesamtgeschwindigkeit.

Aus diesen Aussagen folgt, dass nicht nur, wie bis jetzt beschrieben, die Raum-Zeit-Fläche (in der x-t-Ebene) unter Lorentz-Transformationen konstant bleibt, sondern auch das vierdimensionale Raum-Zeit-Volumen.

4.2 Dopplereffekt, Energie und Masse

Als Abschluss wird die bekannte Energie-Masse-Relation hergeleitet. Der Ausgangspunkt ist der relativistische Dopplereffekt.

4.2.1 Der relativistische Doppler-Effekt

Die folgende Herleitung des relativistischen Dopplereffektes basiert auf den Überlegungen von Kapitel 2.5.3. Es wird zunächst der Zeitabstand von Lichtstrahlen betrachtet, die von den Eckpunkten des Raum-Zeit-Kästchens einer ruhenden Lichtuhr ausgehen (*Abbildung 35*). Daraus ergibt sich die dem Raum-Zeit-Kästchen zugeordnete Frequenz f.

$$\Delta t = \frac{1}{c}$$
$$f = c \qquad (4.32)$$

Wie aus der Quantentheorie bekannt, ist die Energie elektromagnetischer Strahlung proportional zur Frequenz (die Konstante h ist das Plancksche Wirkungsquantum).

$$E = h \cdot f \qquad (4.33)$$

Der Dopplereffekt ergibt sich nun aus der Betrachtung der Zeitabstände von Lichtstrahlen, die von einer gleichen, relativ bewegten Lichtuhr ausgehen, im Verhältnis zum Zeitabstand bei der ruhenden Uhr.

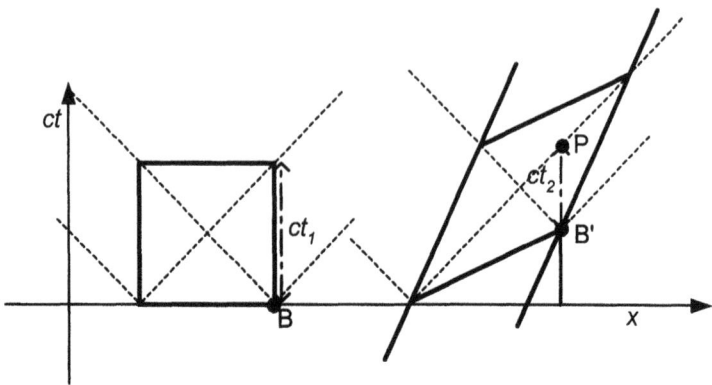

Abbildung 35. Ruhendes und bewegtes Raum-Zeit-Kästchen zur Bestimmung des Dopplereffektes.

Abbildung 35 zeigt die Raumzeit-Kästchen eines ruhenden und eines bewegten Beobachters, von denen jeweils in beide Richtungen zwei Lichtstrahlen ausgehen. Für die Berechnung des Dopplereffektes werden zunächst die Koordinaten des Punktes B' bestimmt.

$$x_B' = \frac{1}{\sqrt{1-\frac{v^2}{c^2}}}$$

$$t_B' = \frac{\frac{v}{c^2}}{\sqrt{1-\frac{v^2}{c^2}}} \qquad (4.34)$$

Der ebenfalls gesuchte Punkt P hat dieselbe x-Koordinate und liegt auf dem Lichtstrahl mit der Gleichung:

$$x = c \cdot t \qquad (4.35)$$

Daraus berechnet sich die Zeitkoordinate von P.

$$t_P = \frac{1}{c\sqrt{1-\frac{v^2}{c^2}}}$$ (4.36)

Der Zeitabstand zweier hintereinander in Bewegungsrichtung ausgesandter Lichtstrahlen berechnet sich aus der Differenz der Zeitkoordinaten von P und B'.

$$\Delta t' = \frac{1}{c\sqrt{1-\frac{v^2}{c^2}}} - \frac{v}{c^2\sqrt{1-\frac{v^2}{c^2}}}$$ (4.37)

Durch Quadrieren und Vereinfachen erhält man:

$$\Delta t'^2 = \frac{1}{c^2} \cdot \frac{1-\frac{v}{c}}{1+\frac{v}{c}}$$ (4.38)

Daraus folgt:

$$\frac{\Delta t'}{\Delta t} = \sqrt{\frac{1-\frac{v}{c}}{1+\frac{v}{c}}}$$ (4.39)

Entfernt sich die Strahlungsquelle ($v>0$), folgt aus dieser Formel, dass der Zeitabstand größer wird, nähert sich die Strahlungsquelle ($v<0$), wird der Zeitabstand kleiner. Die Frequenzänderung ergibt sich aus dem Kehrwert des Zeitabstandes.

$$\frac{f'}{f} = \sqrt{\frac{1+\frac{v}{c}}{1-\frac{v}{c}}}$$ (4.40)

Die gleiche Beziehung gilt gemäß (4.32) auch für die Energien.

$$\frac{E'}{E} = \sqrt{\frac{1+\frac{v}{c}}{1-\frac{v}{c}}} \qquad (4.41)$$

4.2.2 Die relativistische Energiezunahme

Die gerade abgeleitete Energieänderung sagt zunächst nur etwas über die Strahlungsenergie in einer Richtung aus. Um zu einer Aussage über die Gesamtenergie des Objektes zu kommen, kann man sich folgenden Gedankenexperimentes bedienen.

Ein Objekt (Raum-Zeit-Kästchen) möge sich in einem Lichtblitz vollständig auflösen; d.h. seine gesamte Energie sei in den elektromagnetischen Wellen enthalten, die nach allen Seiten ausgesandt werden (im eindimensionalen Fall nach links und nach rechts).

Aus der zweifachen Anwendung des Dopplereffektes, und zwar einmal mit +v und einmal mit –v, kann das Verhältnis der Gesamtenergien von einem ruhenden und einem gleichen bewegten Objekt berechnet werden.

Für das ruhende Raum-Zeit-Kästchen sei der Einfachheit halber die Gesamtenergie gleich 2 gesetzt (*1* für die Strahlung nach links, *1* für die Strahlung nach rechts).

$$E_G = E_1 + E_2 = 1 + 1 = 2 \qquad (4.42)$$

Gemäß dem Dopplereffekt in beiden Richtungen gilt für das bewegte Objekt:

$$E_G' = E_1' + E_2' = \sqrt{\frac{1+\frac{v}{c}}{1-\frac{v}{c}}} + \sqrt{\frac{1-\frac{v}{c}}{1+\frac{v}{c}}} \qquad (4.43)$$

Nach Quadrieren und Auflösen erhält man:

$$E_G' = \frac{2}{\sqrt{1-\frac{v^2}{c^2}}} \qquad (4.44)$$

Es gilt somit:

$$\frac{E_G'}{E_G} = \frac{1}{\sqrt{1-\frac{v^2}{c^2}}} \qquad (4.45)$$

Die Energieänderung weist also denselben Faktor wie die Zeitdilatation auf.

4.2.3 Die Energie-Masse-Relation

Es fehlt nun nicht mehr allzu viel zur Herleitung der Formel $E = m \cdot c^2$. Das Verhältnis der Gesamtenergien eines ruhenden und eines gleichen bewegten Objektes wurde soeben hergeleitet.

$$E_G' = E_G \cdot k$$
$$k = \frac{1}{\sqrt{1-\frac{v^2}{c^2}}} \qquad (4.46)$$

Die Differenz zwischen beiden Energien ist nichts anderes als die Bewegungsenergie des Objektes.

$$E_{ges} = E_{pot} + E_{kin} \qquad (4.47)$$

E_{ges} entspricht in dieser Darstellung der Gesamtenergie E_G' des bewegten Objektes; E_{pot} bezeichnet die Ruhenergie des Objektes und entspricht somit E_G, und E_{kin} bezeichnet die Bewegungsenergie.

Für die Bewegungsenergie gibt es einen klassischen ("vor-relativistischen") Zusammenhang mit der Masse des bewegten Objektes.

$$E_{kin\_klass} = \frac{m \cdot v^2}{2} \qquad (4.48)$$

Die Herleitung der Energie-Masse-Relation umfasst nun folgende Schritte:

- *Darstellung des Faktors k, der das Verhältnis der Gesamtenergien zwischen Ruhe- und Bewegungszustand beschreibt, als Potenzreihe.*

- *Multiplikation der entstanden Gleichung mit einem geeigneten Faktor, damit der klassische Ausdruck für die kinetische Energie als Teilterm erscheint.*
- *Interpretation des entstandenen Gesamtausdruckes.*

Zunächst die Reihenentwicklung für k:

$$\frac{1}{\sqrt{1-\frac{v^2}{c^2}}} = 1 + \frac{v^2}{2 \cdot c^2} + \frac{3 \cdot v^4}{8 \cdot c^4} + \ldots \qquad (4.49)$$

Die Gleichung wird nun mit $m \cdot c^2$ multipliziert, damit der zweite Term auf der rechten Seite zum klassischen Ausdruck für die kinetische Energie wird.

$$\frac{m \cdot c^2}{\sqrt{1-\frac{v^2}{c^2}}} = m \cdot c^2 + \frac{m \cdot v^2}{2} + \frac{3 \cdot m \cdot v^4}{8 \cdot c^2} + \ldots \qquad (4.50)$$

Nun zur Interpretation: Da es sich beim bekannten klassischen Term um eine Energie handelt, müssen alle anderen Terme auch Energien sein. Der erste Term auf der rechten Seite ist von der Geschwindigkeit v unabhängig – er repräsentiert die Ruhenergie des Objektes. Die Terme rechts vom klassischen Term sind die so genannten Korrekturterme für die klassische Bewegungsenergie. Bei kleinen Werten von v verschwinden sie; der klassische Ausdruck, wie nicht anders zu erwarten, stellt also eine gute Näherung dar. Der Term auf der linken Seite drückt die relativistische Gesamtenergie aus.

$$E_{ges} = m \cdot c^2 + \frac{m \cdot v^2}{2} + \frac{3 \cdot m \cdot v^4}{8 \cdot c^2} + \ldots$$
$$E_{pot} = m \cdot c^2 \qquad (4.51)$$
$$E_{kin} = \frac{m \cdot v^2}{2} + \frac{3 \cdot m \cdot v^4}{8 \cdot c^2} + \ldots$$

Einsteins berühmte Formel

$$E = m \cdot c^2 \qquad (4.52)$$

besagt, dass einem ruhenden Körper der Masse m eine Energie $E = m \cdot c^2$ zuzuordnen ist, die im Prinzip in andere Energieformen (z.B. elektromagnetische Strahlung) umwandelbar ist. Zusätzlich hat die Formel auch eine Bedeutung für die Gesamtenergie eines bewegten Körpers, wenn in Formel (4.52) anstelle von m die so genannte dynamische Masse m_D des bewegten Körpers eingesetzt wird.

$$m_D = \frac{m}{\sqrt{1 - \frac{v^2}{c^2}}} \quad (4.53)$$

Unter der dynamischen Masse versteht man die Masse eines bewegten Objektes von der Perspektive eines ruhenden Beobachters. Es ändert sich also durch einen Beschleunigungsvorgang auch die Masse eines Objektes von der Perspektive des ursprünglichen Ruhsystems, und zwar um den bereits mehrfach in Erscheinung getretenen Faktor. Wie sich mithilfe von (4.50) leicht nachvollziehen lässt, gilt für die Gesamtenergie eines bewegten Objektes:

$$E_{ges} = m_D \cdot c^2 \quad (4.54)$$

Literatur

Bell, J. (1994). "George Francis FitzGerald," Physics World 5, 31-35.

Brandes, J. (1995). Die relativistischen Paradoxien und Thesen zu Raum und Zeit: Interpretationen der Speziellen und Allgemeinen Relativitätstheorie. Verlag relativistischer Interpretationen, Karlsbad.

Ehrlichson, H. (1973). "The Rod Contraction-Clock Retardation Ether Theory and the Special Theory of Relativity," Am. J. Phys. 41, 1068-1077.

Einstein, A. (1905). "Zur Elektrodynamik bewegter Körper", Annalen der Physik 16, 895-896.

Einstein, A. (1986). Äther und Relativitätstheorie. Rede Mai 1920, Leiden, in: v. Meyenn, K.: Albert Einsteins Relativitätstheorie – Die grundlegenden Arbeiten. Braunschweig, Wiesbaden: Friedrich Vieweg u. S., 116.

Ives, H.E. (1979). The Einstein Myth and the Ives Papers. Edited with comments by Richard Hazelett and Dean Turner, The Devin-Adair Company, Greenwich, Connecticut.

Larmor, J. (1900). Aether and Matter. Univ. Press, Cambridge.

Lorentz, H. A. (1909). The Theory of Electrons and its Applications to the Phenomena of Light and Radiant Heat, Columbia U. P.

Michelson, A. A., Morley, E. W. (1887). Am. Journ. Science, 34, 333.

Poincaré, H. (1905). "Sur la dynamique de l'èlectron", in: Oevres de H. Poincaré, Bd. IX, Paris 1954.

Popper, K. (1982). Quantum Theory and the Schism in Physics. New Jersey, US: Rowman and Littlefield, 25.

Sandbothe, M. (1998). Die Verzeitlichung der Zeit: Grundtendenzen der modernen Zeitdebatte in Philosophie und Wissenschaft. Wiss. Buchgesellschaft, Darmstadt.

Selleri, F., et al. (1998). Die Einsteinsche und Lorentzianische Interpretation der Speziellen und Allgemeinen Relativitätstheorie. Verlag relativistischer Interpretationen, Karlbad 1998.

Sexl, R. U., Urbantke, H. K. (1976). Relativität, Gruppen, Teilchen. Springer, Wien.

Svozil, K. (2000). "Relativizing Relativity," Found. Phys. 30(7), 1001-1016.

Winkler, F.-G. (2002a). "An Outside View of Space and Time", International Journal of Computing Anticipatory Systems, D. Dubois (ed), 11, 229-241.

Winkler, F.-G. (2002b). "The Normalization Problem of Special Relativity", Physics Essays, 15 (2).

Winkler, F.-G. (2003). "Spacetime Holism and the Passage of Time", The Nature of Time: Geometry, Physics and Perception, R. Buccheri, M. Saniga, W. M. Stuckey (eds), NATO Science Series II, 95, 393-402.

Winkler, F.-G. (2004a). "The Euclidean Interpretation of Special Relativity", Physical Interpretations of Relativity Theory VIII, M. C. Duffy (ed), PD Publications, Liverpool, 1, 640-651.

Winkler, F.-G. (2004b). Spacetime Holism – A Fundamental Approach to the Representation Problem in Cognitive Science. Dissertation, Technische Universität Wien.

www.ingramcontent.com/pod-product-compliance
Ingram Content Group UK Ltd.
Pitfield, Milton Keynes, MK11 3LW, UK
UKHW021830140426
5217IPUK00021B/1365